热区
种草养牛
技术与装备

骆浩文 / 主编

中国农业出版社

北 京

内容提要

　　本书围绕我国热区种草养牛的新品种、新技术、新装备，根据国内外牧草养牛产业发展的现状，结合写作团队多年的研究成果，重点介绍我国种植规模较大、品质比较优良、适宜热区种植的牧草品种及其配套栽培管理技术，同时还介绍了肉牛品种、养殖管理的技术以及相关的智慧养殖装备和信息管理平台等。本书内容包括：热区的概念与特点，热区牧草品种，牧草种植管理技术、病虫害防治技术，肉牛养殖现状，肉牛品种，肉牛饲养管理技术，广东省肉牛发展模式探索，广东省肉牛产业发展存在的问题与对策建议，肉牛智慧化养殖装备及技术，智慧牧场建设，以及现代牛场信息化数字化标准化建设、牛产品质量安全追溯体系建设思路等。

　　本书内容比较齐全，涉及种草、养牛和装备领域，适合农业科技人员、农技推广人员、牧草种植者、农牧业经营者等阅读参考。

编者人员

主　编　骆浩文

副主编　魏鑫钰

参　编　谭德龙　闵　力　罗毅智

前言

　　种草养牛业是农业的重要组成部分，是农业农村经济的支柱性产业，也是农业增效、农民增收、产业振兴的主要产业，大力发展种草养牛产业，对解决"三农"问题和促进现代草牧业高质量发展具有重要的战略意义。

　　我国热区主要分布在广东、广西、海南、云南、福建、湖南、江西、福建及台湾等地。它们具有光照充足、雨量充沛、四季宜农、农作物生长速度快、生物量大等特点，发展种草养牛业具有独特的优势。在全面实施乡村振兴战略、加快现代农业高质量发展、促进一二三产业深度融合发展和智慧农业发展方兴未艾的背景下，随着人民生活水平的提高，对牛肉的产量和质量安全需求不断增多，因此，必须增加国内肉牛的产出规模。欲提高国内肉牛的产出规模，加快热区种草养牛业产业振兴是关键。一是要扩大肉牛的存栏量，以获得足够的市场供应；二是扩大牧草种植面积，保障肉牛的食物来源。而我国热区丘陵山地较多，不适宜大规模化粮食种植；而光照充足、雨量充沛、四季宜农的气候条件则适宜牧草生长，支撑关联养牛产业的发展。然而，热区种草养牛业起步较晚，种养模式较粗放，未形成规模化的种植和养殖模式，严重制约热区种草养牛产业的健康发展。为此，我们结合课题科研成果及行业发展现状编著了此书，介绍热区种草养牛相关的新品种、新技术和新装备，为热区种草养牛产业的高质量发展提供参考。

本书内容分为五个章节。第一章从热区的气候特点出发，介绍热区的概念、作物特点与分布。第二章介绍适宜热区种植的牧草品种、栽培技术和病虫害防治方法等。第三章从肉牛的生产供给与消费出发，介绍了国内外的肉牛品种及饲养管理技术，并在此基础上探索热区（主要是广东省）肉牛产业的发展模式，提出相对应的对策建议。第四章从肉牛养殖规模、养殖成本等方面介绍了肉牛养殖现状，并引出现代智慧养牛装备的重要意义，进而介绍牛舍环境监测、自动推料、自动饲喂、牧场饲料补充、牧草包收集、智能环境控制系统等装备及技术。第五章从牛产品质量安全角度，提出现代牛场信息化数字化标准化建设和牛产品质量安全追溯体系建设思路。在本书撰写过程中力求结合农业生产和区域特点实际，以及广东省农业科学院设施农业研究所种养业信息化相关科研团队多年的科研成果，借鉴国内外智慧农业先进技术及装备，进行系统的编撰，使本书既有实操性又兼具科学性，内容翔实，基本覆盖热区种草养牛全产业链，适合从事热区种草养牛科研工作者、推广人员、种养业者及产业经营者等参阅。

本书编写得到了广东省驻镇帮镇扶村农村科技特派员项目（KTP20210281）的资助。

限于编者的学术水平，内容难免有不妥之处，敬请批评指正。

编　者

2024 年 10 月

目录

第三章 热区肉牛养殖技术 /31

第一章//
热区的概念与特点

中国是一个地域辽阔的国家，包含了从热带至寒带的各种气候类型，南北、东西差异极大，气候类型的复杂多样，造就了农业生产的多样性。

第一节　热区的概念

一、温度带的概念

温度带是指根据太阳高度和昼夜长短随纬度的变化，以各地接受太阳辐射热量的多少为标准，按农业生产所需要的热量指标，将地球表面有共同特点的地区，按纬度划分为五个温度带，即热带、南温带、北温带、南寒带、北寒带，简称五带（five zones），又称天文气候带、数理气候带（图1-1）。

不同的气候带，农作物种植制度也不同。在热区，水稻种植可以一年两熟，如我国华南大部分地区；或者一年三熟，如我国海南省。

二、热区的概念与分布

热区（Hot-zone）是指包含地理、气候、作物、资源特点等要

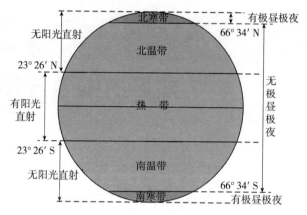

图 1-1 地球温度带

素的集合概念,这里是指地球上包括热带和亚热带的气候带区域。可以表述为:热带+亚热带=热区(Tropics+Subtropics=Hotzone)。

热带(Tropics)是指处于南北回归线之间的地带,地处赤道两侧,位于南北纬 23°26′ 之间,占全球总面积 39.8%。中国的热带,主要包括雷州半岛、海南、广西南部、云南南部低地以及台湾南部低地。均处于热带气候控制之下,终年不见霜雪,到处是郁郁葱葱的热带丛林,全年无寒冬。

亚热带(Subtropics),又称为副热带,一般位于温带靠近热带的地区,大致 23.5°N—40°N、23.5°S—40°S 附近。中国的亚热带,位于秦岭、淮河以南,雷州半岛以北,横断山脉以东(22°N—34°N,98°E 以东)的广大地区。主要包括:陕西南部、河南南部、安徽中南部、江苏中南部、上海、四川东南部、重庆、湖北、湖南、江西、浙江、福建、贵州、云南大部、广西大部、广东大部、台湾大部、西藏东南角等,约占全国国土面积的 1/4。

全球有 138 个国家和地区处于热区,分布着四大工业原料之一的天然橡胶、世界第一大油料作物油棕、世界第一大贸易水果香蕉、世界第六粮食作物木薯，区域农业增加值占世界农业增加值的67%。

　　我国热区主要分布在广东、广西、海南、云南、福建、湖南、江西、福建、四川及台湾等地，总面积55万km²。热区农业在该地区国民经济中占有重要地位，我国热区建有天然橡胶和糖料蔗生产基地，也是国家重要的种业南繁基地和冬种瓜菜生产基地，承担着全国70%的育种和原种扩繁任务，热区冬种瓜菜占全国瓜菜的70%。

第二节　热区特点

一、气候特点

　　热带的特点是全年气温高，变幅很小，只有相对热季与凉季之分，或雨季与旱季之分。全年气温大于16℃，终年能得到强烈的阳光照射，气候炎热。赤道上终年昼夜等长，从赤道到南北回归线，昼夜长短变化的幅度逐渐增大。在回归线上，最长与最短的白昼相差2小时50分钟。

　　亚热带是热带和温带之间的过渡带，特点是其夏季与热带相似。夏季非常温暖，也会出现潮湿的夏季，但冬季明显比热带冷（冬天通常很冷），一个突出特征是，具有该温度特点的区域必定会受到海流的影响，土地通常非常潮湿且植被丰富，种类繁多。

　　两者最明显的区别是：亚热带有明显的四季变化，而热带只有雨季和旱季的两季变化。

二、热区作物的特点

　　热区作物在中国通常指特种经济作物，种植范围主要在广东、海南、广西、云南、福建、台湾等地，以海南和云南西双版纳最适宜。热区作物的典型特征如下：

（一）植株高大

因光照充足、雨量充沛，热区作物的生长极其茂盛，植株一般比较高大，植物密度也很大（图1-2）。

（二）气生根

因热带雨量充沛，土壤含水量高，导致土壤中的氧气不足，无法满足植物根部进行呼吸作用的要求，而有了气生根就可以吸收空气中

图1-2　植株外貌

的氧气，以供无法进行光合作用的部分进行呼吸，如兰花(图1-3)。这也是热区作物的典型特征。

图1-3　带气生根的兰花

（三）叶子滴水尖

热区植物的叶子远端有滴水尖，这种形态有助于叶片上的水聚集而顺流滴落，避免叶片长时间湿润（图1-4）。

图1-4 叶子远端的滴水尖

第三节 热区种养业布局

热区因雨量充沛、日照充足，适宜种养业、特色农林产业的发展。

在下层（海拔400m以下）主要以种植业为主。在保证水稻（图1-5）、番薯等粮食作物稳步增长、自给有余的前提下，可扩大经济作物的种植面积，适当发展如橡胶、甘蔗（图1-6）、菠萝、香蕉、木薯、椰子、油棕、热带兰花、牛大力、灵芝、沉香、牧草等热区高质农作物，因地制宜，积极发展牛（图1-7）、羊、鹅（图1-8）等畜禽和水产养殖，提高农业气候资源的利用率。

图1-5 水稻

图1-6 甘蔗

图1-7 肉牛养殖场

图 1-8 冬闲稻田养鹅

在中层（海拔 400～800m）农林种养结合。可在保证粮食自给或基本自给的前提下，大力发展经济林果和用材林（图 1-9），开发名、特、优农林产品，利用草山、草坡发展草食畜禽。交通方便、离城市较近的山区，可利用夏季凉爽气候条件种植番茄、甜椒等蔬菜作物，充分发挥山区气候资源优势。

图 1-9 广东电白奇楠沉香

上层（海拔 800m 以上）宜以林业为主。可大力发展用材林、水源涵养林以及特色林果、高山茶（图 1-10），实行保护性开发，采取分散小群放牧的方式，利用草山发展养牛、养羊业（图1-11）等。

图1-10　广东英德高山茶园

图1-11　雷州黑山羊

（骆浩文）

第二章//
热区牧草种植技术

一、金禾1号牧草

金禾1号牧草属多年生乔本科直立高茎丛生型剑叶优质牧草（图2-1），是朱进江团队运用植物组培技术，经过多年攻关、精心培育而成的，富含花青素、茶多酚等抗氧化功能成分的一种优质牧草新品种类别，是草业的新质生产力，目前已在广东多个地方推广种植（图2-2）。

金禾1号牧草一次种植可生长15年以上，生长速度快，繁殖能力强，植株高大（可达5～8m），根系发达（可达3～7m），产量高，全年刈割6～8次，中原地区年均鲜草产量225t/hm² 以上，热区年均鲜草产量高达450t/hm²，经济价值可观。富含蛋白质、花青素、纤维素、茶多酚等多种成分，粗蛋白含量15％左右，并且因叶茎呈现显著紫色，又名"草金紫"。茎秆脆嫩多汁，总糖含量高，叶质柔软爽脆且刺毛少，适口性非常好，人、畜、禽、鱼皆可食用此草，是马、骡、驴、牛、羊、鹿、象、猪、鹅、鸡、鸭、草鱼等动物的优质青饲料。

图 2-1　金禾 1 号牧草

图 2-2　牧草现场推广示范

　　金禾 1 号牧草抗灾害能力强，耐病虫害。能耐干旱、洪涝、盐碱、瘠薄、高温、寒冷，抗逆性强、适应性广，具有超强生命力，在山地、林缘、河岸、谷地、田间、路旁及庭院均可种植，在改良土壤、保持水土、防沙固沙等方面成效显著。与其他牧草相比，该草栽培更容易、成活率更高、管理更方便、生物量更大，兼具良好经济效益、生态效益和社会效益。例如，替代木料培养基种植灵芝、香菇、猴头菇、平菇、凤尾菇、木耳、银耳等食用菌，可以直接榨汁浓缩后酿造白酒、酵素、饮料等，或者榨汁后提取蛋白质、花青素、类黄酮、叶绿素等生物制剂，还可用于新型面点开发等，是以草代粮、以草代木、以草代料的"中国金草"，堪称"草中新王"。

二、杂交狼尾草

杂交狼尾草（*Pennisetum americanum* × *P. purpureum*）又称王草、皇草或皇竹草（图 2-3），属禾本科狼尾草属多年生牧草，是美洲狼尾草与象草的杂交种，优质高产，是最早进入中国的牧草。该草较好地综合了美洲狼尾草和象草品质优的特点，根深密集，须根发达，根长可达 3m，植株高大，株高可达 4m 以上，幼嫩叶片背面有稀疏刚毛，颜色较浅。

图 2-3 杂交狼尾草

杂交狼尾草再生性好，产草量高，在热区一年四季均可种植。可耐 40℃ 以上高温。气温低于 10℃ 时，生长明显会受到抑制。2—10 月份适宜播植和生长，3—11 月份适宜收割，种植 60～70d 后株高达 1～1.5m 即可刈割，全年刈割 4～7 次，一般年均鲜草产量 225t/hm²。营养价值高，干物质中粗蛋白含量为 11.84%，茎秆脆嫩多汁，含糖分稍多，叶质柔软且刺毛少，适口性好，是牛、羊、兔、鹅、鹿等畜禽及草食鱼类的优质青饲料，在热区一年供草可达 300d 以上，在海南、广东、广西、福建、云南、湖南、四川等热区均有广泛种植。

三、桂牧1号杂交象草

桂牧1号杂交象草（图2-4）是广西壮族自治区畜牧研究所于1992年以从美国引进的高产杂交狼尾草为母本，以矮象草（*P. purpureum* Schums cv. Mott）为父本进行有性杂交育成的优质高产杂交象草，属禾本科狼尾草属多年生牧草，须根发达，株高3.5m，叶量多。2—10月份适宜播植和生长，3—11月份适宜收获。桂牧1号杂交象草分蘖多，生长迅速，再生力强，产量高，年可刈割5～8次，年均产鲜草225t/hm²左右。青草茎叶质地柔软，适口性好，利用率高，营养价值高，干物质中粗蛋白含量为13.8%，是牛、羊、

图2-4　桂牧1号杂交象草

鹅、鸵鸟、鹿、鱼等动物的良好饲草。桂牧1号杂交象草喜欢温暖湿润的气候，不耐寒，抗倒伏性强，抗旱耐湿，一次种植可连续利用10年以上，已在广东、广西、福建、湖南、云南等热区广泛种植。

四、川农1号多花黑麦草

川农1号多花黑麦草（*Lolium multifolium* Lam. 'Chuannong No. 1'）属禾本科黑麦草属越年生草本植物（图2-5），是四川农

业大学采用多花黑麦草品种"赣选1号"和引进优良品种"牧杰"为杂交亲本,通过对杂交后代进行多次连续混合选择育成的新品种,表现为冬春生长速度快,产草量高,综合抗性较好,适应性广。每年10月份至翌年2月份适宜播种,10月份至翌年3月份适宜生长,12月份至翌年4月份适宜收获。在长江流域年可刈割4~5次,产鲜草80~120t/hm²,

图2-5 川农1号多花黑麦草

产种量0.9t/hm²,茎叶柔嫩,叶量丰富,适口性较好,营养价值高,拔节期干物质中含粗蛋白14.46%,消化率高,适宜调制干草、青饲,各种草食畜禽及鱼类均喜采食,适合长江流域及其以南温暖湿润的丘陵、平坝和山地种植。

五、闽牧101饲用杂交甘蔗

闽牧101饲用杂交甘蔗(*Saccharum officinarum* L. ROC 10×*S. officinarum* L. CP65-357. 'Minmu 101'),又称牧草蔗(图2-6),是福建省农业科学院甘蔗研究所以ROC10(新台糖10号)与甘蔗CP65-357杂交选育而成的牧草蔗新品种,属禾本科多年生草本植物属多年生饲用甘蔗品种。每年2—10月份适宜播植和生长,3—11月份适宜收获。耐寒、耐旱、再生性强、宿根性好。生长温度5~40℃,最适生长温度20~30℃,终年不开花结实。产量高,茎部微甜,适口性好。年均产鲜草150t/hm²左右。

适用于青饲或青贮。适宜福建、云南、广东、广西、海南等热区种植。

图 2-6　闽牧 101 饲用杂交甘蔗

六、热研 2 号圭亚那柱花草

热研 2 号圭亚那柱花草（*Stylosanthes guianensis* cv. Reyan No. 2）是豆科笔花豆属多年生直立或半直立草本植物（图 2-7），是中国热带农业科学院热带作物品种资源研究所引进培育的新品种。多数主茎不明显，分枝多，斜向上生长，自然株高可达1.5m，三出复叶，叶片长披针形，中间小叶较大，绿至深绿色。复穗状花序，顶生或腋生，花序梗着生紫红色刚毛，花小，旗瓣橙黄色，翼瓣深黄色。荚果小，褐色，肾形，9 月底始花，10 月中旬盛花，12 月底种子成熟。

热研 2 号圭亚那柱花草适应性强，耐热、耐低磷、耐干旱、抗病虫害，不耐低温和浸渍，可在贫瘠的荒坡地上种植，也可在幼龄果园、疏林间间种。我国海南、广东、广西、福建、云南、四川等热区均有种植。茎叶产量高，年均产草粉 7.5t/hm² 左右，鲜草舍饲牛、兔、猪、鹅、鱼等动物，可缓解冬春干旱季节豆科饲草的短缺。在猪、鸡的配合日粮中加入草粉有良好的饲养效果，可降低饲养成本，起到"以草代粮"的作用。

图 2 - 7　热研 2 号圭亚那柱花草

七、粤研 1 号柱花草

粤研 1 号柱花草为豆科多年丛生性草本植物（图 2 - 8），是广东省农业科学院动物科学研究所最新培育的耐寒性极强的柱花草新品系，根系发达，产量高、草质好。易于种植，每年 3—8 月份适宜播植，3—10 月份适宜生长，5—11 月份适宜收获。当植株长到 0.8～0.9m 时进行第一次刈割利用，留茬 0.15～0.2m，年均亩*产鲜草达 4t 以上，干物质中粗蛋白质含量达 15% 以上，适宜作为青饲料、晒制干草、制干草粉或用于各种草食家畜、家禽的放牧，在热区广泛种植，在粤北地区种植只开花不结实。

＊　亩为非法定计量单位，1 亩＝1/15hm²。

图 2-8　粤研 1 号柱花草

第二节　牧草种植技术

一、金禾 1 号牧草栽培要领

（一）整地

播种前选择适宜的地块，先精细整地，在平原地区土地平整相对容易，山区梯田可分格平整，丘陵地区可做梯田分格式平整，自然丘陵坡度在 45°以内的地区也可以自然种植。

（二）施肥

金禾 1 号牧草生长快，需肥量大，必须施足基肥，可施用多元生物有机肥，也可用牛羊粪作为基肥。平原、梯田牧草场每亩施底肥 500kg，自然丘陵地区每亩 750kg，均匀撒施在土地表面，然后深翻 0.25～0.35m。

（三）栽培

采用无性繁殖，选取新鲜、粗壮、无病虫害的、有 2～3 芽节的草茎作为种苗，定植前先用水浸泡 24h（可加入适量生根粉），开沟定植，沟距按以下规格操作，平原地区行距 1m，株距 0.5m，每公顷定植 27 万株；梯田地区行距 0.8m，株距 0.4m，每公顷定植 36 万株；自然丘陵地区行距 0.6m，株距 0.4m，每公顷定植 45 万株。

（四）田间管理

定植后，灌溉一次透水，3 天再灌溉一次水，如遇到旱天地块太干燥，可适当增加浇水，有条件的可以采用喷灌。中耕 1～2 次。

（五）收割

苗高 1.5m 左右时可进行第一次刈割，留茬高度以 0.03～0.05m 为宜，此后在植株高度 1.8～2m 时刈割（图 2-9）。

a   b

图 2-9　金禾 1 号牧草刈割
a. 现场刈割示范　b. 刈割留茬

二、杂交狼尾草栽培要领

杂交狼尾草以营养繁殖为主。栽植前，选择新鲜、粗壮、无病虫害的草茎作为种苗。然后，将种茎按 2～3 芽节切为一段作为种苗。开沟定植，株距为 0.4m，行距为 0.6m；排水不顺畅的地块需要起畦种植，每畦种植 2～3 行，株距为 0.4m，行距为 0.4～0.5m。留作种茎用的地块，株行距为 0.8m×1m。杂交狼尾草刈割的时期、次数与水肥条件及饲喂对象有关。当饲喂牛、羊等反刍家畜时，每年可刈割 5～8 次，植株高度在 1.5～2.0m 时进行刈割；而饲喂兔、猪、鱼时，要求茎秆细嫩、适口性好，植株高度在1.2～1.5m 时进行刈割，每年可刈割 6～10 次。每次留茬高度以2～3cm 为宜，不能过低，否则会影响其再生性。

三、桂牧 1 号杂交象草栽培要领

一般插植或埋植。选择新鲜、粗壮、无病虫害的草茎作为种苗。插植是将地块犁好平整后开行，行距 0.4～0.5m，株距0.4m，将种茎砍成 2 个芽节为一段，呈 45°斜插入行中，芽眼朝上，培土压实，露出 0.02～0.05m 茎秆；埋植是将地块犁好平整后开行，行距 0.5～0.6m，将种茎砍成 2～3 个芽节为一段，横放入行中，每段种茎距离 0.2m，盖土厚 0.03～0.05m。插埋定植后，灌溉一次透水，3d 后再灌溉一次，视干旱情况适当补水。苗高 1.5m 左右时进行第一次刈割，此后在植株高度 1.8～2.0m 时刈割。

四、川农 1 号多花黑麦草栽培要领

川农 1 号多花黑麦草是越年生草本植物，茎直立，株高 1.2～1.5m，喜温湿气候，较耐严寒，但忌积水，在年降水量 1 000～1 500mm 的地区生长良好，可利用排水良好的荒山荒地、林果园、旱田等地块种植。

宜秋播或早春播种。每年 10 月至翌年 2 月份适宜播种，10 月至翌年 3 月份适宜生长，12 月至翌年 4 月份适宜收获。可采用条播或撒播。条播行距 0.25～0.3m，播深 0.01～0.02m；撒播每公顷直播用种量为 15～22.5kg。植株高度在 1.2～1.5m 时进行刈割，每年可刈割 5～6 次。各种草食性畜禽及鱼类均喜食鲜草。

五、闽牧 101 饲用杂交甘蔗栽培要领

在海拔 1 200m 以下，坡度 15°以下的旱坡地均可种植，在酸性、瘠薄的土壤中可正常生长，适应性广。在土层深厚、肥力中等、光照充足、水源充足、通风良好的地方种植效果更好。首先对种植地块进行深耕翻犁 0.35～0.4m，耕作层要求做到深、松、碎、平，晒 2～3d，施用基肥、农药与耙田可同时进行，并使用旋耕机一次性起畦。其次选择新鲜、粗壮、无病虫害的草茎作为种苗，插植或埋植，开沟定植，浅沟 0.08～0.12m，行距 0.5～0.7m，株距 0.25m，使用双芽苗，三角形排列，节上的芽平放于沟底，后覆盖薄土。定植后灌溉一次透水，3d 后再灌溉一次，视干旱情况适当补水。中耕 1～2 次。

首次收割草层高 1.0～1.2m，可直接饲喂；草层高 1.2m 以上的，要切碎饲喂。以刈割高度为 2.0～2.5m，年刈割 2～3 次，留茬高度约为 0.03m。也可制作青贮料。

六、热研 2 号圭亚那柱花草栽培要领

热研 2 号圭亚那柱花草主要用牧草种子繁殖，可利用排水良好的荒山荒地、林果园种植。撒播、条播及穴播均可。种子播前要先用 80℃热水处理 180～300s，地块每公顷直播用种量为 7.5～18.75kg。开沟条播，行距为 0.5～0.6m，穴播则株距 0.4m，行

距 0.5m。

热研 2 号圭亚那柱花草比较耐旱耐酸瘠土，抗病，但不耐荫和渍水，可与旗草、坚尼草、非洲狗尾草等禾本科牧草混播共生。

热研 2 号圭亚那柱花草作为青饲料生产，每年可刈割 2～3 次。可作为青饲料、晒制干草、制干草粉直接饲喂，或用于各种草食畜禽的放牧。

七、粤研 1 号柱花草栽培要领

粤研 1 号柱花草主要采用无性繁殖。可选择排水良好的荒山荒地、林果园地种植。对种植地块进行翻犁整平，可施用适量基肥。

每年 3 月中旬即可种植。选取长 0.3～0.35m 的新鲜、健壮、无病虫害的枝条作为种苗，植前将草苗泡生根水 12～24h。草苗可采用直立插植，株距为 0.4m，行距为 0.4m，每穴 2 苗，埋土深度 0.1～0.15m，定植后浇定根水。

植后 15d 除杂草一次，视天气情况决定是否浇水。此时植株已开始生长，如发现死苗，则及时补苗。之后，需进行中耕、除草、施肥等日常管理。粤研 1 号柱花草极少发生病虫害，但在种植多年的草地，如发现有炭疽病感染，则需要用药物防治。

当植株生长到 0.8～0.9m 时进行第一次刈割利用，留茬 0.15～0.2m。可作为青饲料、晒制干草、制干草粉直接饲喂，或用于各种草食畜禽的放牧。

第三节　牧草病虫害防治

一、牧草病虫害防治策略

牧草在大面积种植中会受到各种病虫害的威胁，影响产量和质量。为了保障畜牧业的发展，需建立预防为主、综合防治的防治策略。

（一）种植抗病、抗虫品种

我国优良牧草品种繁多，科学规划牧草种群比例，选用适应当地气候和土壤条件的抗病、抗虫品种，有利于建立较为平衡的多品种人工草场生态环境，能有效减少病虫害的发生，提高草地生产力。

（二）调整播种时间

病虫害的发生和传播与气候有关，调整牧草的播种时间，避免病虫害在适宜气候条件下大规模传播。

（三）合理施肥浇灌

根据牧草营养需求合理施肥和浇灌可以提高牧草的抗病能力，增强植物的自身免疫力，降低病虫害的发生率。

（四）定期清理田间杂草

杂草是病虫害的重要来源，通过定期清理田间杂草，可以减少病虫害的滋生。

（五）合理使用农药

科学精准使用化学农药防治病虫害，严格遵循农药的选择和使用方法，并轮换使用多种药剂，避免病虫害对农药产生耐药性。

（六）病虫害监测和防治

定期检查田间牧草，及时发现和处理病虫害，防止病虫害扩散。

二、牧草主要侵染性病害

（一）根腐病

病原物：由根腐病菌属（*Rhizoctonia* spp.）、镰刀菌属（*Fusarium* spp.）真菌引起。

危害症状：患病牧草的根系会出现腐烂、溃疡、变黑等症状，导致牧草地草皮稀疏、生长不良，严重时导致牧草死亡。

防治：使用百菌清（四氯间苯二甲腈）、甲基托布津（1,2-二（3-甲氧碳基-2-硫脲基）苯）、代森锰锌（亚乙基双（二硫代氨基甲酸锰）＋亚乙基双（二硫代氨基甲酸锌））等药剂防治。

（二）炭疽病

病原物：由炭疽菌（*Colletotrichum* spp.）引起。

危害症状：主要表现为植株叶片上出现黑褐色斑点，斑点大小不一，形状不规则。随着病害的发展，斑点渐渐扩大融合，使叶片凋萎、枯死。在高温、高湿的环境中，病害会迅速扩散并影响牧草生长。

防治：使用嘧菌酯（（*E*）-2-｛2-［6-（2-氰基苯氧基）嘧啶-4-基氧］苯基｝-3-甲氧基丙烯酸酯）、咪鲜胺（N-丙基-N-［2-（2,4,6-三氯苯氧基-）乙基］-咪唑-1-甲酰胺）、苯醚甲环唑（1-（2-［4-（4-氯苯氧）-2-氯苯基］-4-甲基-1,3-二噁戊烷-2-基甲基）-H-1,2,4-三唑）等药剂防治。

（三）叶枯病

病原物：由小麦中链格孢菌（*Alternaria alternata*）、围小丛壳菌（*Glomerella cingulata*）、银杏盘多毛孢菌（*Pestalotia ginkgo*）引起。

危害症状：牧草叶枯病主要危害牧草的叶片和茎部，初期病斑为淡黄色或灰白色，逐渐变成黄褐色或棕色，病斑边缘呈现暗色线条。严重时病斑扩大，合并形成大块状，叶片上出现大片干枯、脱落。

防治：使用化学药剂进行防治，选用多菌灵（N-（2-苯并咪唑基）-氨基甲酸甲酯）、三唑磷（O,O-二乙基-O-（1-苯基-1,2,4-三唑-3-基）硫代磷酸）、苯醚甲环唑（1-（2-［4-（4-氯苯氧）-2-氯苯基］-4-甲基-1,3-二噁戊烷-2-基甲基）-H-1,2,4-三唑）等广谱杀菌剂喷洒草地。

（四）条枯病

病原物：由立枯丝核菌（*Rhizoctonia solani*）引起。

危害症状：牧草条枯病的发病主要在秋季，病害初期地上部分无明显症状，而地下部分受到病原菌的侵染，会引起根茎腐烂，根系短小、枯死，茎基处出现黑褐色条状坏死，严重时可导致整株枯死。受害的牧草植株生长缓慢，严重影响牧草产量和质量。

防治：使用丙环菌酯（丙环唑醇）、三唑酮（1-（4-氯苯氧基）-3,3-二甲基-1-（1,2,4-三唑-1-基）-2-丁酮）、苯醚甲环唑（1-（2-［4-（4-氯苯氧）-2-氯苯基］-4-甲基-1,3-二噁戊烷-2-基甲基）-H-1,2,4-三唑）等药剂防治。

（五）白粉病

病原物：由布氏白粉病菌（*Blumeria graminis*）、豌豆白粉菌（*Leveillula leguminosarum*）、豆科内丝白粉菌（*Erysiphe pisi*）等引起。

危害症状：草叶上出现白色粉状物，随着病情加重，草叶会出现干枯、弯曲、变黄、失去光泽等现象，严重时会导致草株死亡，从而影响牧草产量和质量。

防治：使用咪鲜胺、甲基硫菌灵（1,2-二（3-甲氧羰基-2-硫脲基）苯）、环氧菌酯（环唑醇甲基苯醚）等药剂防治。

（六）褐斑病

病原物：由立枯丝核菌（*Rhizoctonia solani*）引起。

危害症状：在草叶和茎上出现褐色斑点，斑点形状不规则、大小不一，严重时斑点会扩大融合，导致草叶和茎变得枯黄弯曲，最终死亡。

防治：使用甲基硫菌灵（1,2-二（3-甲氧羰基-2-硫脲基）苯）、多菌灵（N-（2-苯并咪唑基）-氨基甲酸甲酯）、百菌清（四氯间苯二甲腈）等药剂防治。

（七）叶斑病

病原物：由德氏霉属（*Drechslera*）、链格孢属（*Alternaria*）、附球菌属（*Epicoccum*）、枝孢菌属（*Cladosporium*）等真菌引起。

危害症状：在草叶上出现不规则形状的灰色或黑色斑点，斑点边缘清晰，严重时叶片黄化枯死，影响牧草生长和牛羊食用。

防治：使用代森锰锌（亚乙基双）、戊唑醇（1-（4-氯苯基）-3-（1H-1,2,4-三唑-1-基甲基）-4,4-二甲基戊-3-醇）、甲基硫菌灵（1,2-二（3-甲氧羰基-2-硫脲基）苯）等药剂防治。

（八）枯萎病

病原物：由镰刀菌（*Fusarium* spp.）引起。

危害症状：牧草植株出现萎蔫、枯死、茎基褐变等现象，根系也会出现不同程度的腐烂，导致牧草生长发育不良。

防治：使用多菌灵（N-（2-苯并咪唑基）-氨基甲酸甲酯）、甲基托布津（1,2-二（3-甲氧碳基-2-硫脲基）苯）、氟啶酮（1-甲基-3-苯基-5-（3-三氟甲基苯基）-4（1H）-吡啶酮）等药剂防治。

（九）菌核病

病原物：由核盘菌（*Sclerotinia sclerotiorum*）引起。

危害症状：主要侵害牧草的地上部分，叶片和茎部均可受到侵害。初期病斑呈现为圆形或椭圆形水浸斑，随着病情加重，病斑边缘开始变黄并逐渐扩大，最终整个叶片或茎部呈现出枯死状。

防治：使用多菌灵（N-（2-苯并咪唑基）-氨基甲酸甲酯）、咪鲜胺、吡唑醚菌酯（N-［2-［［1-（4-氯苯基）吡唑-3-基］氧甲基］苯基］-N-甲氧基氨基甲酸甲酯）等药剂防治。

（十）锈病

病原物：由三叶草单胞锈菌（*Uromyces trifolii*）引起。

危害症状：在叶片、茎秆、花序等处出现锈斑，严重时可导致叶片凋萎、枯死。

防治：使用粉锈宁（1-（4-氯苯氧基）-3,3-二甲基-1-（1,2,4-三唑-1-基）-丁酮）、氧化萎锈灵（2,3-二氢-6-甲基-5-苯基-氨基甲酰-1,4-氧硫杂芑-4,4-二氧化物）等药剂防治。

（十一）线虫病

危害牧草的线虫有 200 种以上，如茎线虫（*Ditylenchus dipsaci*）、苜蓿孢囊线虫（*Heterodera medicaginism*）、短体线虫（*Ratylenchus* spp.）等。

危害症状：线虫危害根系，造成植株生长不良，叶片变黄、发黄、缺乏光泽，严重时植株逐渐枯死。

防治：使用阿维菌素、淡紫拟青霉（*Paecilomyces lilacinus*）、噻唑膦（O-乙基-S-仲丁基-2-氧代-1,3-噻唑烷-3-基硫代磷酸酯）等药剂防治。

三、牧草主要生理性病害

(一)冻伤

发病原因：在低温环境下牧草受冻造成的损伤。当气温骤降或在寒冷地区长期低温时，牧草的细胞内液体会结冰，造成细胞膜、细胞壁和细胞质等组织的受损和破坏，导致植株的生长和发育受到影响。

危害症状：主要表现为植株叶片和茎秆的变黄、干枯和变软，严重时会导致植株死亡。在冬季结束后，受损的牧草植株会出现不良的生长状况，比如出现矮小、叶色浅黄、枝条细弱、叶面积减小等现象。

防治：

(1)合理管理土壤水分，保持土壤适度湿润，避免干旱和水浸情况，增强牧草的生长力和抗冻能力。

(2)在冬季将牧草割短，削减植株高度，以避免积雪覆盖和冻害。

(3)加强施肥，提高牧草植株的营养水平和抗冻能力。

(4)避免在低温时翻耕土壤，以免对牧草的生长和发育产生影响。

(二)盐害

发病原因：土壤中盐分过多而导致的植物生长障碍和病害。通常是因为土壤排水不良，或者灌溉水中含有高浓度的盐分，导致土壤中的盐分积累过多。

危害症状：牧草盐害的症状表现为叶片枯黄、脱水干枯，甚至死亡，整株牧草生长缓慢，产量下降，品质降低。

防治：

(1)改善土壤排水条件，提高土壤通气性和保水性，减少盐分积累。

（2）选择适应盐碱地的牧草品种，如碱茅、盐茅等。

（3）控制灌溉水中的盐分浓度，定期进行土壤改良，施用腐熟有机肥料等。

（三）药害

1. 引起药害的原因

（1）药物浓度过高　在使用药剂时，如果浓度过高，会使得药物的毒性增强，进而导致牧草受损。

（2）药物喷洒不均匀　药物喷洒不均匀会导致牧草部分接触过高浓度的药物，从而造成损伤。

（3）药物选择不当　不同的药物对不同的牧草种类具有不同的耐受性，如果选择不当的药物可能会导致牧草受损。

（4）药物使用不当　使用方法不当、药物过期等都可能导致牧草受损。

（5）气象条件不利　在高温、干旱、低温、高湿等不利气象条件下使用药物，会使药物的毒性增强，进而导致牧草受损。

2. 危害症状

（1）生长不良　牧草生长缓慢，植株矮小，叶片变小，叶色变黄等。

（2）叶片变异　牧草叶片变形、变色、变薄，甚至出现叶片变白、黄斑、枯死等现象。

（3）植株死亡　牧草植株干枯，根系受损，生长停滞。

四、牧草主要虫害

（一）黏虫（*Mythimna separata*）

危害特点：以幼虫咬食寄主的叶片为害。幼龄幼虫潜入心叶取食叶肉形成小孔，3龄后在叶边缘咬食造成缺刻，严重时常把叶片全部吃光仅剩光杆，造成严重减产。

防治：

（1）诱杀法　成虫趋光性强，采用杀虫灯于夜间灯诱成虫，用糖、醋、酒诱杀液或甘薯、胡萝卜等发酵液诱杀成虫。

（2）毒土法　选用溴氰菊酯、辛硫磷、联苯·噻虫胺等药剂加水适量，喷拌细土 50kg 配成毒土，或直接使用上述药剂颗粒剂拌于牧地。

（二）棉铃虫（*Helicoverpa armigera*）

危害特点：幼虫蛀食牧草茎叶，形成孔洞和缺刻，常诱发病菌侵染，影响牧草正常发育。

防治：同黏虫的防治。

（三）蛴螬

危害特点：蛴螬咬食牧草根系、嫩茎、幼苗，当牧草枯黄而死时转移到别的牧草继续危害，是世界性的地下害虫，危害很大。

防治：同黏虫的防治。

（四）金针虫

危害特点：幼虫长期生活于土壤中，咬食牧草须根、主根和茎的地下部分，使牧草枯死。

防治：同黏虫的防治。

（五）地老虎

地老虎有大地老虎（*Agrotis tokionis*）、小地老虎（*Agrotis ypsilon*）和黄地老虎（*Agrotis segetum*）等，是一类常见的地下害虫。

危害特点：主要以幼虫为害，白天潜伏于表土的干湿层之间，夜晚出土从地面将幼苗植株咬断拖入土穴，或咬食未出土的种子，幼苗主茎硬化后改食嫩叶、叶片及生长点。

防治：同黏虫的防治。

（六）草地贪夜蛾（*Spodoptera frugiperda*）

危害特点：近年来危害严重的害虫，主要是幼虫蛀食茎叶，老龄幼虫能以切根方式为害，切断牧草茎，蛀食叶片后叶脉呈窗纱状，幼虫还可钻入牧草主茎，取食主茎和生长点。

防治：使用甲氨基阿维菌素苯甲酸盐、茚虫威、氯虫苯甲酰胺、高效氯氟氰菊酯、草地贪夜蛾性引诱剂等药剂防治。

（七）蓟马

主要有西花蓟马（又名苜蓿蓟马）（*Frankliniella occidentalis*）、烟蓟马（*Thrips alliorum*）、花蓟马（*Frankliniella intonsa*）等。

危害特点：主要以叶片为食，在叶片上钻孔吸汁，导致叶片枯黄、卷曲，留下褐色或白色斑点，严重时整片牧草叶片扭曲变黄、枯萎。

防治：建议采用生物防治和化学防治相结合的方式防治蓟马。①生物防治，引进和保护寄生性蜂类、七星瓢虫等天敌，以及使用昆虫病原菌进行喷洒。②化学防治，可以使用乙基多杀菌素、噻虫嗪、啶虫脒等药剂防治。

五、有毒有害杂草

（一）危害

有毒有害杂草会对牧草的生长造成不良影响，如假高粱（*Pseudosorghum fasciculare*）、豚草（*Ambrosia artemisiifolia*）、加拿大一枝黄花（*Solidago canadensis*）、马唐（*Digitaria sanguinalis*）、菟丝子（*Cuscuta chinensis*）、毛茛（*Ranunculus japonicus*）、曼陀罗（*Datura stramonium*）等杂草具有竞争力强、抗逆性强、占用营养物质多、含有毒素等特点，会对牧草生长发育

产生影响，降低牧草产量和品质。因此，在牧草管理中要加强对这些杂草的防治。

（二）防治方法

1. 精选种子

有毒有害杂草的传播途径之一是随牧草种子传播。对于以种子繁殖的牧草，可在播种前对播种材料进行清选，去除混杂在播种材料中的杂草种子。

2. 轮作、套作灭草

豆科牧草与禾本科牧草或其他作物科学轮作，多年生牧草与一年生牧草轮作，可明显减少杂草的危害。

3. 合理密植

科学设置牧草种植密度，利用其自身群体优势抑制杂草的生长。

4. 清洁牧场环境

将牧场周围的杂草彻底清除，以防止其扩散。

5. 人工除杂

在牧草齐苗后长到适当的高度，容易区分杂草后，及时中耕或铲草，原则上要把一年生杂草消灭在结实之前。多年生牧草在刈割后，长势减弱，往往易引起杂草滋生，此时也应注意铲除杂草。可利用各种农业耕作机械提高效率。

6. 化学防除

选用合适除草剂防除杂草，除草剂可分为选择性除草剂和灭生性除草剂两大类。精喹禾灵、烟嘧磺隆、乙草胺等只杀灭禾本科杂草，乙羧氟草醚、氟磺胺草醚、硝磺草酮选择性杀灭阔叶杂草，草甘膦、草铵膦等属于灭生性（广谱性）杀草剂。使用除草剂防除牧草杂草，应熟悉除草剂的性能、防除对象。

（骆浩文　谭德龙）

第三章//
热区肉牛养殖技术

肉牛能够充分利用各种青粗饲料和农副产品，发展养牛业，利用作物秸秆，过腹还田，不但具有十分显著的经济效益，而且还具有良好的社会效益和生态效益。肉牛养殖产业已经成为我国一些地区农村经济的主导产业。

第一节　肉牛产业概况

一、全球的肉牛养殖与牛肉消费概况

根据美国农业部（USDA）的数据，2020 年全球存栏量为 99 649.5 万头（表 3-1）。其中，印度存栏量最大（30 550.0 万头），占 30.7%；巴西存栏 25 270.0 万头，占 25.4%；中国位居第三，存栏 9 562.0 万头，占 9.6%；随后的第 4～10 位的国家和地区分别是：美国（9 359.5 万头）、欧盟（7 646.2 万头）、阿根廷（5 354.0 万头）、澳大利亚（2 302.1 万头）、俄罗斯（1 795.3 万头）、墨西哥（1 700.0 万头）、乌拉圭（1 196.6 万头）。"小群体大规模"仍是中国肉牛产业的主体生产方式，也是我国牛肉供应链稳定和安全的基础，是乡村产业振兴的一个基本模式。在 2000—2015 年期间，牛存栏量处于小幅度降低的状态；2015 年至

今，随着母牛提质增栏政策的推进，能繁母牛数量明显增加，存栏量处于稳步上升的趋势。

表3-1　全球牛存栏量前10位的国家和地区（2000—2020年）

单位：万头

序号	国家/地区	2000年	2005年	2010年	2015年	2020年
1	印度	28 482.2	29 300.0	30 250.0	30 100.0	30 550.0
2	巴西	15 038.2	17 211.1	19 092.5	21 918.0	25 270.0
3	中国	12 353.2	10 990.8	9 820.0	9 055.8	9 562.0
4	美国	9 729.8	9 634.2	9 288.7	9 188.8	9 359.5
5	欧盟	9 465.5	9 036.4	8 783.1	8 911.9	7 646.2
6	阿根廷	5 116.7	5 426.6	4 885.1	5 311.3	5 354.0
7	澳大利亚	2 772.0	2 818.3	2 755.0	2 741.3	2 302.1
8	俄罗斯	2 752.0	2 162.5	1 979.4	1 852.8	1 795.3
9	墨西哥	2 532.8	2 366.9	2 145.6	1 661.5	1 700.0
10	乌拉圭	1 042.3	1 233.4	1 124.1	1 201.6	1 196.6
	全球	102 740.2	99 971.3	97 066.3	96 318.1	99 649.5

数据来源：USDA（美国农业部）。

中国是全球肉牛出栏量最多的国家，2020年出栏4 665.0万头；巴西出栏3 941.5万头；印度出栏3 580.0万头；除第10位是新西兰（462.5万头），其他国家/地区出栏量的排序与存栏量一致；全球共出栏23 167.9万头肉牛（表3-2）。

表3-2　全球肉牛出栏量前10位的国家和地区（2000—2020年）

单位：万头

序号	国家/地区	2000年	2005年	2010年	2015年	2020年
1	中国	3 825.0	4 150.0	4 650.0	4 800.0	4 665.0
2	巴西	3 046.7	3 943.0	3 940.0	3 836.5	3 941.5
3	印度	1 525.0	2 170.0	2 900.0	3 685.0	3 580.0

（续）

序号	国家/地区	2000 年	2005 年	2010 年	2015 年	2020 年
4	美国	3 758.8	3 331.1	3 532.4	2 932.0	3 336.7
5	欧盟	3 261.5	2 990.0	2 874.8	2 623.9	2 334.5
6	阿根廷	1 320.0	1 460.0	1 190.0	1 243.0	1 400.0
7	澳大利亚	864.2	846.7	827.2	967.4	756.1
8	俄罗斯	956.0	872.7	722.0	663.5	650.0
9	墨西哥	692.5	615.0	605.0	597.5	633.8
10	新西兰	328.8	380.0	396.7	481.1	462.5
	全球	**23 109.6**	**23 145.9**	**23 365.9**	**23 067.5**	**23 167.9**

数据来源：USDA（美国农业部）。

然而，中国的肉牛品种多为杂交牛、中大体型本地黄牛、南方本地小黄牛和牦牛，肉牛胴体重小，平均胴体重为 148.0kg。与全球肉牛胴体重前 10 位的国家有较大的差距（表 3-3）。伊朗、日本、新加坡和马来西亚的肉牛平均胴体重均超过了 400kg。根据国家肉牛牦牛产业技术体系测算，2022 年，屠宰肉牛约 3 010 万头，胴体总产量约为 767 万 t。胴体均重约 254.8kg。其中，育肥技术水平较高的育肥场，杂交牛胴体均重约 370kg、中大体型本地黄牛胴体均重约 262.0kg、南方本地小黄牛胴体均重约 167.0kg（表 3-4）。牛肉产值约 6 780 亿元。

表 3-3 全球肉牛胴体重前 10 位的国家和中国的肉牛胴体重（2000—2020 年）

单位：kg

序号	国家/地区	2000 年	2005 年	2010 年	2015 年	2020 年
1	伊朗	130.6	137.0	278.4	349.0	450.0
2	日本	414.2	407.7	422.6	434.5	450.0
3	新加坡	300.8	341.7	375.0	444.4	443.0
4	马来西亚	134.8	280.0	357.5	289.4	422.7

（续）

序号	国家/地区	2000 年	2005 年	2010 年	2015 年	2020 年
5	加拿大	329.4	328.5	331.2	349.4	390.5
6	美国	319.7	335.6	335.0	367.6	370.4
7	卢森堡	328.8	334.3	358.0	365.5	369.5
8	奥地利	303.1	312.5	322.7	330.3	338.7
9	巴西	211.2	217.9	231.3	245.7	337.9
10	爱尔兰	305.9	324.0	325.7	338.8	336.6
	中国	**142.7**	**132.9**	**145.8**	**146.6**	**148.0**

数据来源：FAO（联合国粮食及农业组织）。

表 3-4 中国肉牛胴体重（2015—2022 年）

单位：kg/头

肉牛类型	2015 年	2019 年	2020 年	2021 年	2022 年
规模牧场肉牛（平均值）	246.5	249.0	255.0	257.0	253.0
杂交牛	305.7	330.0	342.0	374.0	370.0
中大体型本地黄牛	263.0	258.0	264.0	266.0	262.0
南方本地小黄牛	174.0	160.0	164.0	165.0	167.0
牦牛	123.0	128.0	128.0	128.0	128.0
全国平均	**146.5**	**147.2**	**147.3**	**148.3**	**未报道**

数据来源：根据国家统计局、中国畜牧兽医年鉴、国家肉牛牦牛产业技术体系数据测算。

2020 年，全球牛肉总产量为 5 766.0 万 t（表 3-5），产量超百万吨的国家和地区分别是：美国（1 238.9 万 t）、巴西（1 010.0 万 t）、欧盟（688.3 万 t）、中国（672.0 万 t）、印度（376.0 万 t）、阿根廷（317.0 万 t）、澳大利亚（212.5 万 t）、墨西哥（207.9 万 t）、俄罗斯（137.8 万 t）和加拿大（131.4 万 t）。

表 3-5　全球牛肉产量前 10 位的国家和地区（2000—2020 年）

单位：万 t

序号	国家/地区	2000 年	2005 年	2010 年	2015 年	2020 年
1	美国	1 229.8	1 131.8	1 203.4	1 081.7	1 238.9
2	巴西	652.0	859.2	911.5	942.5	1 010.0
3	欧盟	832.5	813.6	810.1	768.4	688.3
4	中国	513.1	568.1	629.1	616.9	672.0
5	印度	152.5	222.5	312.5	408.0	376.0
6	阿根廷	288.0	320.0	262.0	272.0	317.0
7	澳大利亚	205.3	209.0	212.9	254.7	212.5
8	墨西哥	190.0	172.5	174.5	185.0	207.9
9	俄罗斯	159.5	152.0	145.5	136.4	137.8
10	加拿大	126.3	147.0	127.6	104.7	131.4
	全球	5 300.1	5 413.4	5 694.5	5 752.7	5 766.0

数据来源：USDA（美国农业部）。

2020 年，全球牛肉总贸易量 2 093.4 万 t，其中进口 969.7 万 t（表 3-6），出口 1 123.7 万吨（表 3-7）。至 2022 年，全球牛肉总贸易量 2 219.7 万 t，其中进口 991.2 万 t，出口 1 228.5 万 t。2020 年中国进口的牛肉最多，为 278.2 万 t（2022 年增长到 314.0 万 t）。2020 年其他的主要肉牛进口国家和地区分别是：美国（151.6 万 t）、日本（83.2 万 t）、韩国（54.9 万 t）、欧盟（43.5 万 t）、英国（40.7 万 t）、俄罗斯（40.1 万 t）、智利（34.7 万 t）、埃及（34.0 万 t）和马来西亚（19.7 万 t）。主要的肉牛出口国家和地区分别是：巴西（253.9 万 t）、澳大利亚（147.3 万 t）、美国（133.9 万 t）、印度（128.4 万 t）、阿根廷（81.9 万 t）、欧盟（71.3 万 t）、新西兰（63.8 万 t）、加拿大（51.3 万 t）、乌拉圭（41.1 万 t）和巴拉圭（37.1 万 t）。当前全球牛肉供需格局还未平衡，进出口数量的空缺还较大，对于全球市场而言，未来全球牛肉市场还有较大的发展空间。

表 3-6 全球牛肉进口前 10 位的国家和地区（2000—2020 年）

单位：万 t

序号	国家/地区	2000 年	2005 年	2010 年	2015 年	2020 年
1	中国	1.6	0.3	3.8	61.3	278.2
2	美国	137.5	163.2	104.2	152.8	151.6
3	日本	104.5	66.7	70.0	68.7	83.2
4	韩国	33.3	21.6	31.8	36.4	54.9
5	欧盟	42.9	70.0	42.8	35.4	43.5
6	英国	0	0	0	0	40.7
7	俄罗斯	42.5	99.0	98.0	56.2	40.1
8	智利	12.4	19.4	18.5	23.8	34.7
9	埃及	22.8	22.2	26.0	36.0	34.0
10	马来西亚	12.9	16.0	14.7	22.3	19.7
	全球	**580.2**	**629.9**	**608.9**	**705.4**	**969.7**

数据来源：USDA（美国农业部）。

表 3-7 全球牛肉出口前 10 位的国家和地区（2000—2020 年）

单位：万 t

序号	国家/地区	2000 年	2005 年	2010 年	2015 年	2020 年
1	巴西	48.8	180.1	151.8	165.9	253.9
2	澳大利亚	131.6	133.5	131.3	177.0	147.3
3	美国	112.0	31.6	104.3	102.8	133.9
4	印度	34.4	59.3	88.2	175.4	128.4
5	阿根廷	35.4	62.9	23.4	18.0	81.9
6	欧盟	66.3	23.2	29.2	25.7	71.3
7	新西兰	47.3	57.3	50.8	60.9	63.8
8	加拿大	56.3	57.3	49.3	37.9	51.3
9	乌拉圭	23.6	41.3	33.5	35.2	41.1
10	巴拉圭	5.8	17.5	27.4	36.9	37.1
	全球	**594.3**	**703.6**	**743.9**	**912.3**	**1 123.7**

数据来源：USDA（美国农业部）。

全球人均消费牛肉最多的国家是阿根廷，每人每年消费64.2kg的肉牛（表3-8）。其次是乌兹别克斯坦、亚美尼亚、乍得和乌拉圭，均超过30kg。中国人均牛肉消费量为6.2kg，低于美国（26.2kg）、日本（7.5kg）和全球平均水平（6.4kg）。中国是世界上牛肉消费量第二大的国家，但中国人均牛肉消费量相较于肉牛消费大国仍存在较大差距，发展空间广阔。

表3-8　全球人均牛肉消费量前5位的国家和中国的
牛肉人均消费量（2010—2019年）

单位：kg/（人·年）

序号	国家	2010年	2015年	2017年	2019年
1	阿根廷	68.3	69.4	68.6	64.2
2	乌兹别克斯坦	33.2	36.9	37.2	39.8
3	亚美尼亚	20.4	21.9	22.3	37.6
4	乍得	28.1	33.2	33.6	34.3
5	乌拉圭	38.3	37.6	38.3	33.6
	中国	5.8	5.8	5.8	6.2

数据来源：FAO（联合国粮食及农业组织）。

二、中国肉牛养殖与牛肉消费概况

2020年，我国肉牛存栏量前10位的省份分别是云南（810.4万头）、青海（634.8万头）、四川（547.8万头）、内蒙古（538.3万头）、西藏（531.3万头）、贵州（488.6万头）、甘肃（450.3万头）、湖南（433.3万头）、新疆（412.5万头）和黑龙江（402.5万头）。北京（2.4万头）、天津（17.4万头）、上海（0）、江苏（14.2万头）、浙江（10.3万头）、福建（16.8万头）和海南（45.0万头）的肉牛养殖规模小，存栏量少（表3-9）。西南地区占全国肉牛存栏的32.1%，其次是西北（22.7%）、华南（14.6%）、东北（12.0%）、华北（11.2%）和华东（7.5%）地区。

表3-9 中国各地肉牛存栏量（2010—2020年）

单位：万头

区域	2010年	2015年	2018年	2019年	2020年
华北					
北京	5.8	5.1	3.0	2.4	2.4
天津	12.8	14.3	13.3	14.7	17.4
河北	155.8	166.9	199.3	203.1	222.5
山西	33.6	43.7	53.2	55.5	79.3
内蒙古	363.7	423.2	489.8	499.8	538.3
东北					
辽宁	325.4	344.2	212.8	230.9	246.0
吉林	424.8	420.8	309.4	316.2	270.5
黑龙江	320.2	313.0	349.7	365.8	402.5
华东					
上海	0	0	0.2	0	0
江苏	8.6	9.1	15.8	15.2	14.2
浙江	12.0	9.5	9.8	9.5	10.3
安徽	126.1	140.4	58.3	65.0	76.7
福建	29.6	33.8	11.1	12.9	16.8
江西	201.4	260.8	219.1	231.0	263.7
山东	313.3	330.4	259.0	252.5	192.2
华南					
河南	634.2	650.4	231.1	257.3	270.0
湖北	189.4	242.0	122.1	134.0	166.0
湖南	261.1	358.1	310.8	338.8	433.3
广东	104.9	132.2	81.2	82.9	85.9

（续）

区域	2010 年	2015 年	2018 年	2019 年	2020 年
广西	98.8	98.3	99.0	101.6	124.6
海南	91.2	50.9	44.6	45.5	45.0
西南					
重庆	74.6	108.7	78.3	80.2	88.6
四川	440.0	561.8	476.2	502.3	547.8
贵州	309.3	349.6	371.9	431.7	488.6
云南	666.2	688.2	755.8	775.5	810.4
西藏	458.4	471.3	498.4	525.2	531.3
西北					
陕西	122.5	102.1	120.8	121.6	122.5
甘肃	403.7	420.1	410.5	427.1	450.3
青海	406.4	429.6	492.0	475.5	634.8
宁夏	63.8	72.1	84.5	97.1	120.7
新疆	81.5	121.9	237.2	325.3	412.5
全国	**6 739.1**	**7 372.5**	**6 618.2**	**6 996.1**	**7 685.1**

数据来源：国家统计局、中国畜牧兽医年鉴。与 USDA 的数据略有差异。

2020 年，肉牛出栏量情况与肉牛存栏量情况有所不同，出栏量前 10 位的省份分别是内蒙古（397.0 万头）、云南（335.9 万头）、河北（335.2 万头）、四川（296.4 万头）、黑龙江（289.4 万头）、山东（275.7 万头）、新疆（266.3 万头）、河南（241.2 万头）、吉林（238.7 万头）和甘肃（228.6 万头）（表 3 - 10）。出栏量少的省份依然是北京、天津、上海、江苏、浙江、福建和海南；此外，广东的出栏量仅为 33.6 万头，大部分的牛肉消费需要依靠外省的调运和进口。西南地区的肉牛出栏量最大，占 22.0%，其次是西北（17.8%）、华北（17.5%）、东北（15.9%）、华南（15.5%）和华东（11.4%）地区。肉牛养殖还是以 1～49 头规模的农户养殖为主，占比 70% 以上，但呈现逐年下降的趋势。500 头以上的规模化肉牛养殖场的占比由 2012 年的 6.8% 上升至 2020 年的 7.6%（表 3-11）。

表 3-10　中国各地肉牛出栏量（2010—2020 年）

单位：万头

区域	2010 年	2015 年	2018 年	2019 年	2020 年
华北					
北京	11.1	8.4	5.3	4.2	2.5
天津	18.1	19.6	16.7	14.1	14.4
河北	361.2	325.4	345.6	349.1	335.2
山西	35.0	40.2	44.0	44.8	47.9
内蒙古	306.8	326.4	375.1	383.3	397.0
东北					
辽宁	222.7	160.6	175.1	188.1	195.8
吉林	267.3	245.2	249.6	258.7	238.7
黑龙江	251.9	269.7	270.2	281.0	289.4
华东					
上海	0	0.4	0.3	0	0.9
江苏	18.7	17.4	15.5	16.1	13.9
浙江	7.9	9.0	8.2	8.6	8.8
安徽	93.4	58.1	56.7	61.8	64.6
福建	16.8	15.4	17.9	19.6	22.1
江西	113.3	113.8	119.4	125.2	135.1
山东	413.0	370.2	363.4	345.9	275.7
华南					
河南	390.1	251.3	231.2	238.4	241.2
湖北	104.9	111.5	108.3	109.5	102.0
湖南	134.1	142.5	152.7	162.5	174.6

（续）

区域	2010 年	2015 年	2018 年	2019 年	2020 年
广东	42.4	34.6	33.3	33.3	33.6
广西	132.4	119.4	123.6	124.6	131.2
海南	21.8	19.1	20.0	22.8	23.2
西南					
重庆	44.9	55.4	54.5	54.9	55.5
四川	242.5	263.3	276.2	291.7	296.4
贵州	96.6	133.3	157.5	168.6	176.1
云南	268.5	292.8	309.1	326.4	335.9
西藏	136.9	159.9	145.5	137.5	139.0
西北					
陕西	50.0	54.6	57.0	57.6	58.8
甘肃	152.5	166.8	201.9	214.8	228.6
青海	94.8	115.6	135.6	148.1	189.0
宁夏	52.1	64.4	74.8	71.9	72.0
新疆	216.7	247.3	263.5	270.9	266.3
全国	**4 318.4**	**4 211.6**	**4 407.7**	**4 534.0**	**4 565.4**

数据来源：国家统计局、中国畜牧兽医年鉴。与 USDA 的数据略有差异。

表 3-11 全国肉牛按规模出栏情况（2012—2020 年）

单位：万头

规模	2012 年		2015 年		2019 年		2020 年	
	出栏	占比	出栏	占比	出栏	占比	出栏	占比
1～49	3 118	73.9%	3 032	72.0%	3 292	72.6%	3 214	70.4%
50～99	413	9.8%	442	10.5%	444	9.8%	498	10.9%
100～499	401	9.5%	421	10%	453	10%	507	11.1%
>500	287	6.8%	316	7.5%	345	7.6%	347	7.6%
总出栏	**4 219**	**100%**	**4 211**	**100%**	**4 534**	**100%**	**4 566**	**100%**

数据来源：根据中国畜牧兽医年鉴数据测算。

内蒙古、山东、河北、黑龙江和新疆饲养的肉牛品种多数是杂交牛和中大体型本地黄牛，牛肉产量排在前5位。云南和四川的肉牛存栏量和出栏量大，但由于饲养的品种包含了南方本地小黄牛和牦牛等品种，牛肉产量排在第6位和第8位（表3-12）。华北地区牛肉产量占比最高（19.7%），其次是西南（19.3%）、东北（17.5%）、西北（16.1%）、华南（13.8%）和华东（13.6%）地区。

表3-12　中国各地牛肉产量（2010—2020年）

单位：万t

区域	2010年	2015年	2018年	2019年	2020年
华北					
北京	2.0	1.6	0.9	0.8	0.5
天津	3.1	3.4	2.9	2.5	2.7
河北	58.1	53.2	56.5	57.2	55.6
山西	4.9	5.9	6.5	6.6	7.4
内蒙古	49.7	52.9	61.4	63.8	66.3
东北					
辽宁	41.6	40.3	27.5	29.6	31.0
吉林	43.2	46.6	40.7	41.9	38.7
黑龙江	39.0	41.6	42.6	45.5	48.3
华东					
上海	0	0.1	0	0	0.3
江苏	3.5	3.2	2.8	2.9	2.6
浙江	1.1	1.2	1.2	1.3	1.4
安徽	18.3	16.2	8.7	9.5	9.9
福建	2.3	3.1	1.9	2.1	2.5
江西	11.2	13.6	12.5	13.1	15.2
山东	68.7	67.9	76.4	73.3	59.7

（续）

区域	2010 年	2015 年	2018 年	2019 年	2020 年
华南					
河南	83.1	82.6	34.8	36.2	36.7
湖北	17.7	23.0	15.8	16.0	15.4
湖南	16.3	19.9	17.9	19.0	20.5
广东	6.3	7.0	4.1	4.1	4.2
广西	13.7	14.4	12.3	12.4	13.6
海南	2.3	2.6	1.9	2.2	2.3
西南					
重庆	6.3	8.8	7.2	7.3	7.4
四川	29.4	35.4	34.5	36.4	37.0
贵州	12.0	16.8	19.9	21.5	23.1
云南	29.9	34.3	36.0	39.0	40.9
西藏	14.8	16.5	20.9	21.2	21.2
西北					
陕西	7.3	7.9	8.2	8.5	8.7
甘肃	16.1	18.8	21.4	22.8	24.9
青海	8.5	11.5	13.2	14.6	19.2
宁夏	7.5	9.8	11.5	11.5	11.4
新疆	35.5	40.5	42.0	44.5	44.0
全国	**653.4**	**700.6**	**644.1**	**667.3**	**672.6**

数据来源：国家统计局、中国畜牧兽医年鉴。与 USDA 的数据略有差异。

2000 年，中国的牛肉供给以自产自足为主。随着总供给量的不断增加，进口牛肉的占比逐年上升，2020 年牛肉进口占比上升至 24.0%（表 3-13）。

表3-13 中国牛肉总供给（2000—2020年）

单位：万 t

	2000 年	2005 年	2010 年	2015 年	2020 年
国产	513.0	568.0	629.0	617.0	672.0
占比	99.9%	99.98%	99.6%	92.9%	76.0%
进口	0.6	0.1	2.4	47.4	211.8
占比	0.1%	0.02%	0.4%	7.1%	24.0%
总供给	513.6	568.1	631.4	664.4	883.8

数据来源：国家统计局、中国海关。与 USDA 的数据略有差异。

三、广东省肉牛养殖与牛肉消费概况

2021 年末，广东省肉牛存栏头数为 112.99 万头，居全国第 22 位。牛肉产量为 4.37 万 t，排名全国第 24 位。近 10 年以来，广东省肉牛存栏量、出栏量和牛肉产量呈下降趋势（图 3-1 和图 3-2）。饲养规模以 1～9 头的农户散养为主，500 头以上的养殖场数量不足 10 家（表 3-14）。

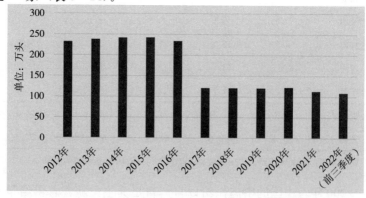

图 3-1　2012—2022 年（前三季度）广东省肉牛存栏量（万头）
数据来源：广东统计信息网

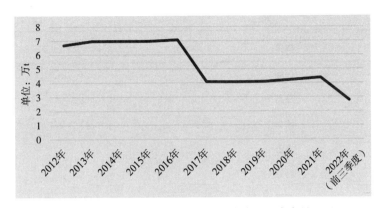

图 3-2　2012—2022 年（前三季度）广东省牛肉产量（万 t）

数据来源：广东统计信息网

表 3-14　广东省不同规模肉牛饲养场（户）数（2015—2020 年）

年出栏规模	2015 年	2018 年	2019 年	2020 年
1～9 头	23.0 万个	14.6 万个	12.5 万个	10.4 万个
10～49 头	2 441 个	2 363 个	2 543 个	2 774 个
50～99 头	348 个	339 个	324 个	393 个
100～499 头	107 个	116 个	105 个	102 个
500～999 头	5 个	12 个	7 个	7 个
1 000 头以上	1 个	0 个	2 个	2 个
总计	23.3 万个	14.9 万个	12.8 万个	10.7 万个

数据来源：中国畜牧兽医年鉴。

2021 年，广东省肉牛存栏量排前 3 位的市分别是湛江（22.45 万头）、肇庆（16.57 万头）和茂名（16.41 万头），合计存栏 55.43 万头，占全省总存栏量的 49%。详见表 3-15。

表 3-15　2021 年广东省 21 市牛存栏情况

地市	存栏量（万头）
广州	1.18

（续）

地市	存栏量（万头）
深圳	0.24
珠海	0
汕头	0.48
佛山	0.45
韶关	3.33
河源	5.79
梅州	9.67
惠州	5.77
汕尾	6.13
东莞	0.1
中山	0.04
江门	1.96
阳江	6.48
湛江	22.45
茂名	16.41
肇庆	16.57
清远	8.06
潮州	0.70
揭阳	4.70
云浮	2.56

数据来源：广东统计信息网。

广东省虽然在全国肉牛存栏量排名中居中后位置，但近5年人均肉类（猪、牛、羊）消费量却在全国处于前5位。2021年广东省居民家庭人均肉类（猪、牛、羊）消费量达到37.6kg，排名全国第5位。而2017—2020年，广东省均排名前3位，仅次于四川省和重庆市（其中2020年四川省和广东省并排第二），数据见表3-16、图3-3和彩图11。由此可知供求差距明显，广东省牛肉消费量与产量的缺口巨大，肉牛产业有很大的发展空间。再者，近几年受非洲猪瘟影响，猪肉价格走高，牛肉需求量进一步增加。

牛肉消费方式主要有潮汕牛肉火锅、西餐、菜市场/超市售卖牛肉与风味小吃。尤其是广东省特色的潮汕牛肉火锅市场前景广阔，且对"鲜"、品质要求极高；西餐则有特优级与高档肉的分级；菜市场/超市售卖的牛肉主要用于各种家庭菜肴的烹饪；风味小吃主要集中在各种"下水"。

表3-16 2017—2021年全国人均肉类消费量前10位排名（单位：kg）

名次	2021年	2020年	2019年	2018年	2017年
1	46.9（重庆）	35.3（重庆）	39.4（四川）	45.4（四川）	41.1（四川）
2	42.4（四川）	33.6（四川）、33.6（广东）	38.9（重庆）	43.9（重庆）	39.9（重庆）
3	41.8（内蒙古）	31.9（内蒙古）	**38.7（广东）**	**41（广东）**	**36.5（广东）**
4	37.7（江西）	30.4（西藏）	32.7（内蒙古）	35.7（广西）	33.8（内蒙古）
5	**37.6（广东）**	29.7（江西）	32.2（云南）	34.7（福建）	32.1（广西）
6	37.2（浙江）	29.1（上海）	30.3（湖南）	34.5（湖南）	31.8（福建）
7	36.9（湖南）	28.8（云南）	29.3（广西）	34.3（内蒙古）	31.8（湖南）
8	36.8（辽宁）	27.3（北京）	29（上海）	33.9（海南）	30.9（云南）
9	35.7（云南）	27.1（湖南）	28.6（贵州）	31.9（云南）	30.5（贵州）
10	35.6（西藏）	26.3（浙江）	28.3（浙江）	31.7（贵州）	29.8（西藏）

数据来源：国家统计局。

注：表中黑体字为广东省数据。

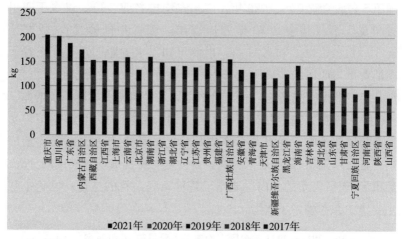

图 3-3　31省（直辖市、自治区）居民家庭人均肉类消费量

数据来源：国家统计局

第二节　肉牛的主要品种

一、引进国外肉牛品种

（一）西门塔尔牛

原产地瑞士，产肉、泌乳和役用性能十分突出，属于乳肉兼用品种。体型高大、粗壮，体躯长而丰满。毛色以红白花为主，产肉性能良好，适应性强，耐热、耐寒和耐粗饲，易饲养，舍饲和放牧均适宜。一般成年公牛体重为 1 000~1 300kg，母牛为 650~800kg，产肉以瘦肉居多，脂肪分布均匀，肉质佳，屠宰率高。它是我国分布最广的引进品种，在许多地区用来改良本地黄牛，杂交一代的生产性能一般都能提高 30%以上。

（二）夏洛莱牛

原产地法国，属于大型肉牛品种。体型大、生长快、饲料报酬率高、屠宰率高、脂肪少、瘦肉率高。全身被毛白色或黄白色，少数为枯草黄色。对环境适应性极强，耐寒暑，耐粗饲，放牧、舍饲均可。全身肌肉发达，尤其是臀部肌肉圆厚、丰满，尾部常出现隆起的肌束，称"双肌牛"。成年公牛体重 1 100～1 200kg，母牛500kg 以上，最高日增重可达 1.88kg。

（三）利木赞牛

原产地法国，属于大型肉牛品种。体型较大，骨骼细，体躯长而宽，全身肌肉丰盈饱满，前、后躯肌肉尤其发达。被毛为黄红色，早熟性能好，生长速度快，适应能力好，补偿生长能力强，耐粗饲。成年公牛体重可达 900～1 100kg。胴体质量好，眼肌面积大，出肉率高，骨量小，牛肉风味好。

（四）安格斯牛

原产地英国，属于中小型早熟品种。无角，毛色以黑色居多。体格低矮，体质紧凑、结实。头小而方，额宽，颈中等长且厚，背线平直，四肢较短。成年公牛体重 700～800kg。早熟易肥，胴体品质和产肉性能均高，初生重小，极少出现难产。对环境的适应性好，耐粗饲、耐寒，性情温和，易于管理。在国际肉牛杂交体系中被认为是较好的母本。

（五）日本和牛

原产地日本，是世界上公认的优秀肉牛品种。毛色分为褐色和黑色两种，以黑色为主。体躯紧凑，腿细，前躯发育良好，后躯稍差。体型小，成熟晚。成年公牛体重 700kg，育肥好的日本和牛的牛肉大理石花纹明显，被称为"雪花肉"，肉用价值极高。

二、我国地方良种肉牛

（一）鲁西牛

原产地山东省西南部。肉役兼用性好，个体高大，被毛从浅黄到棕红色，以黄色为最多。多数牛具有眼圈、口轮、腹下与四肢内侧毛色浅淡的"三粉"特征。成年公牛体重 650kg。性情温驯，易育肥，肉质良好。耐粗饲，适应性强。

（二）南阳牛

原产地河南南阳地区。体型高大，四肢粗壮，体质结实，皮薄毛细，毛色分为黄、红、草白三种，以黄色为主。舍饲性能好，耐粗饲，适应性强，肌肉丰满，产肉性能好，肉质细，香味浓，大理石花纹明显。成年公牛体重 650kg，鬐甲高，肩峰和肉垂发达，肩宽而厚，背腰平直。

（三）秦川牛

原产地陕西省关中地区。角短而钝，多向外下方或向后稍弯。毛色以紫红色和红色为主，黄色较少。体躯较长，体型较丰满，骨骼粗壮坚实，性情温驯，适应性强。成年公牛体重 600kg，易育肥，肉牛肉质细嫩，大理石花纹明显。

（四）晋南牛

原产地山西西南部。毛色以枣红为主，鼻镜和蹄趾多呈粉红色。体格粗大，体躯较长，额宽嘴阔。骨骼结实，前躯较后躯发达，胸深且宽，肌肉丰满。成年公牛体重 600kg，属晚熟品种，产肉性能良好。

（五）延边牛

原产地吉林省延边地区。体型中等，鬐甲低平，肩峰不明显，产肉性能较好。毛色多呈浓淡不同的黄色，被毛长而密，鼻镜一般呈淡褐色。成年公牛体重500kg。耐粗饲，抗病力强。

三、广东省地方肉牛品种

（一）雷琼黄牛

主产区位于雷州半岛及海南琼山。被毛细短，以黄色为主。公牛头重、额平、角大，呈锥形稍弯，颜色角根部为灰白色，角尖灰黑色，眼睛大，耳平伸；颈粗，颈下垂肉发达，肩峰较为发达，背线较平直。母牛面形清秀，头轻、额平、角细短、颜色灰白色，眼细，耳平伸，耳端尖细；鬐甲低，颈侧皮肤有皱褶，背线平直。四肢强健有力，关节明显。蹄质坚实，肢体端正。骨骼结实，肌肉丰满，尾长，下垂过飞节，尾梢黑色（图3-4）。

成年公牛体重350kg，因骨骼细小，同等体重条件下的净肉率

图3-4 雷琼黄牛

明显较北方肉牛品种高。2006年被列入《国家级畜禽遗传资源保护名录》。耐热性能好，耐粗饲，抗焦虫病能力较强。

（二）陆丰黄牛

主产区位于陆丰市。被毛较短，母牛以棕黄色居多，也有棕黑色。公牛以褐黑色为主，也有棕黄色。口较方大，鼻镜颇宽，呈黑褐色。角短，角质粗糙。四肢粗壮，前肢较短，后肢较长，关节结实。后肢飞节呈弓形，稍有内靠现象。蹄质坚实，蹄叉紧贴，蹄形稍尖，一般多为黑色。尾粗大而长，尾根粗壮、尾帚大（图3-5）。成年公牛体重300kg。2017年被列入《广东省畜禽遗传资源保护名录》。

图3-5　陆丰黄牛

四、自主选育肉牛品种

（一）夏南牛

主产区为河南南阳，是利用夏洛莱牛与南阳牛杂交选育而成的肉牛品种，夏洛莱牛血统37.5%，南阳牛血统62.5%。毛色以浅黄、米黄为主。成年公牛体重可达850kg。体质健壮，性情温驯，适应性强，耐粗饲，采食速度快，易育肥，抗逆性强，耐寒，但耐热性稍差。

（二）延黄牛

主产区为吉林延边，是利用利木赞牛与延边牛杂交选育而成的肉牛品种，利木赞血统25%，延边牛血统75%。毛色为黄色，体型外貌与延边牛接近，体躯呈长方形，结构匀称，生长速度快，肉品质好。性情温驯，耐寒、耐粗饲，抗病力强。成年公牛体重900～1 100kg。

（三）华西牛

华西牛是由中国农业科学院北京畜牧兽医研究所选育而成的专门化肉牛新品种，2021年底通过国家品种审定委员会审定。华西牛是以肉用西门塔尔牛为父本，以乌拉盖地区"西门塔尔牛×三河牛"与"西门塔尔牛×夏洛莱×蒙古牛"组合的杂交后代为母本，经过40余年持续选育而成的专门化肉牛新品种。躯体被毛多为棕红色或黄色，有少量白色花片，头部白色或带红黄眼圈，四肢蹄、尾梢、腹部均为白色，多有角。公牛颈部隆起，颈胸垂皮明显，背腰平直，肋部圆、深广，背宽肉厚，肌肉发达，后臀肌肉发达、丰满，体躯呈圆筒状。母牛体型结构匀称，乳房发育良好，性情温驯，母性好。具有生长速度快，屠宰率、净肉率高，繁殖性能好，抗逆性强等特点。成年公牛体重（936.39±114.36）kg。华西牛适应性广泛，目前已在内蒙古、吉林、河南、湖北、云南和新疆等地试推广。

第三节　热区（南方）肉牛饲养管理技术

一、高温高湿对肉牛的影响

高温高湿环境易引起肉牛进入热应激状态。此时，肉牛通过显汗蒸发（70%～85%）和呼吸进行散热，避免体温上升。当环境温度接近肉牛皮肤温度时，蒸发是牛体与环境进行热交换的主要方式。若环境高温高湿超出了肉牛体温调节能力，则会导致体热积聚、体温逐步上升，容易引起肉牛中暑。持续高温高湿易引发昏厥而窒息死亡。

在高温高湿状态下，肉牛采食量减少、日增重降低，饮水量和排尿量均增加，呼吸频率和直肠温度升高。母牛的卵泡发生率下降、卵巢卵泡的排卵比例降低，发情表现及胚胎发育均受到不良影响，导致繁殖性能降低。公牛的精子数量和活率下降，精子畸形率显著上升。肉牛会寻找阴凉处，站立时间延长；咀嚼次数增多，反刍间隔时间短，从采食吞咽到逆呕反刍的时间延长，从而减少胃肠道蠕动和采食后的体增热及降低产热。

二、热区（南方）牛舍环境管理

在热区建设肉牛场时，建议选择临近江河湖泊（保持 3 000m 的防疫和防污间隔）、山谷、山口地带，借助自然环境降温。在高温高湿状态下，肉牛的防暑通常采用通风降温、机械送风、遮阳等措施。

牛舍布局时，根据夏季的主风向，形成冷巷通风；在外墙开窗，将冷巷低温空气引入舍内。在牛舍墙壁安装大直径风扇，可加大牛舍气流速度，起到防暑降温的效果。

牛舍和运动场周围种植阔叶树木，减少运动场和屋顶的太阳辐射；地面种植灌木和草地绿化，通过植被的蒸腾作用降低场区的地面温度，减少太阳对牛舍的辐射热，改善牛舍小气候。研究表明，因绿化带来的降温效果可使舍内温度降低 4℃。在运动场搭建凉棚或遮阳网，也可降低舍内环境温度。

第四节　广东省肉牛产业发展模式探索

广东肉牛养殖模式主要有以下几种：屠宰加工推动全产业链发展的模式、异地育成与育肥相结合模式、地源性饲料育肥养殖模式、北草南用育肥养殖模式和进口母牛自繁自养模式。

一、屠宰加工推动全产业链发展的模式

积极发展肉牛业，不断提高肉牛养殖规模化、集约化水平。同时借力国家大力发展牛羊等草食畜牧业的政策，狠抓肉牛屠宰深加工，提高肉牛养殖附加值，实现生产加工链条提质增效，逐步形成集优质肉牛养殖、屠宰深加工、冷链物流销售为一体的闭合型产业链条，以实现畜牧业高质量发展促进乡村振兴。例如云浮市百成牧业有限公司（云安肉牛产业园）的肉牛交易＋屠宰加工＋餐饮＋肉牛养殖一体化产业链发展模式（图3-6）；陆丰市百健种养有限公司（陆丰黄牛产业园）的屠宰加工＋线上销售＋地源性饲料加工＋

图3-6　云浮市百成牧业有限公司养殖基地

肉牛养殖全产业链模式（图 3-7）。

图 3-7　陆丰市百健种养有限公司屠宰中心

二、异地育成与育肥相结合模式

该模式是指选择优质肉牛犊牛在甲地（南方地区）培育、断奶，然后在乙地（北方地区）进行断奶犊牛的放牧饲养，最后在甲地育肥和销售。我国北方地区是主要的牧区，而南方地区是主要的消费市场。将犊牛在南方育肥，就能利用南方温暖的气候条件、丰富的农作物秸秆、牛肉消费市场巨大、肉牛市场信息灵通等优势，使北方生长的牛能达到当年育肥、当年出售。例如广东犇牛生态养殖有限公司利用该模式，开展奶公牛和西门塔尔牛养殖，目前有广东广宁基地（犊牛阶段 0～6 月龄和育肥牛阶段 18～24 月龄）和内蒙古基地（青年牛阶段 7～17 月龄）（图 3-8）。

另外，云浮市百成牧业有限公司建成广东和云南基地，养殖肉用品种牛（图 3-9）。广东筠诚牧业股份有限公司拥有广东和贵州基地，养殖奶公牛和肉用品种牛（图 3-10）。

图 3-8 广东犇牛生态养殖有限公司养殖基地

图 3-9 云浮市百成牧业有限公司养殖基地

图 3-10 广东筠诚牧业股份有限公司养殖基地

三、地源性饲料育肥养殖模式

玉米、豆粕等主要饲料原料价格持续高涨，已成为挤压我国畜禽养殖业经济效益的主要因素。利用地源性饲料可在肉牛养殖过程中最大限度地实现节本增效。例如郁南县祥顺牧业发展有限公司（图3-11），充分利用当地特色的农副产品，将木薯、菠萝渣、甜玉米芯等加工成地源性饲料，不仅提高了资源利用率，还有助于环境保护，防止造成废弃农副产品的浪费和污染，实现环境和经济双赢。云安区石城镇犇犇养殖场（图3-12）将豆渣、酒糟发酵后饲喂牛。

图3-11　郁南县祥顺牧业发展有限公司

四、北草南用育肥养殖模式

此种模式将北方的饲草和管理模式应用到南方。例如广东飞牛

图 3-12 云安区石城镇犇犇养殖场

牧业有限公司（图 3-13），将北方管理人员引进到南方，同时借鉴北方养殖模式。广东犇牛生态养殖有限公司（图 3-14），以北方草料为主，本地牧草为辅养殖肉牛。

图 3-13 广东飞牛牧业有限公司

图 3 - 14　广东犇牛生态养殖有限公司

五、进口母牛自繁自养模式

从国外进口和筛选优质母牛，借助国内现代化养殖技术，将发病率和成本降低。例如，广东壹号食品股份有限公司（图 3 - 15）从国外引进西门塔尔牛、利木赞牛、夏洛莱牛、海福特牛和婆罗门牛进行自繁自养。

图 3 - 15　广东壹号食品股份有限公司养殖基地

第五节 广东省肉牛产业发展存在的问题与对策建议

一、存在的问题

（一）产业化程度低

广东省肉牛产业化程度低主要体现在：广东省属热带亚热带地区，人口众多，土地资源比较紧张，牧草生产相对落后，导致肉牛饲料原料来源缺乏；生产主要是以小规模散养为主，家庭式养殖户占绝大部分；人才、市场、加工等生产配套体系发展滞后，没有形成完善的"产、加、销"体系，产业链条较短。

（二）小散户养殖占比高，养殖收益不高

缺乏技术和收益低成为当前我国肉牛养殖户面临的主要问题。相比奶牛产业，肉牛产业适度规模化和集约化程度整体较低。广东省的肉牛养殖以农户小规模散养居多，大部分农户通过购买犊牛进行短期育肥后进行出售，小部分自繁自养。规模小、管理落后及饲养不规范造成小散户养殖成本偏高，收益相对较低。

（三）肉牛产业链条不完整，增值幅度较低

广东省肉牛养殖、屠宰加工、品牌培育等环节融合程度低，导致肉牛养殖与加工连接不紧密，产、加、销存在出入，加工企业货源渠道不畅，大量货源依靠外调，增加了加工企业的生产成本，降低了经济效益。

二、对策建议

（一）加大肉牛养殖扶持力度，提供政策、技术支持

肉牛产业养殖投入大、回报周期长、产业链条长。对于广东省来说，肉牛产业处于劣势，在政策资金补贴方面，应适当增加肉牛养殖补贴，同时大力扶持以农业龙头企业和产业园为依托的肉牛养殖业的发展，努力发挥它们在市场竞争中的作用，并对相关企业、产品予以重点扶持；在社会化服务方面，给肉牛养殖户提供小额优惠贷款和养殖技术咨询服务等。

（二）借助当地黄牛品种，加强品种选育

肉牛的品种改良应该立足于当地的黄牛品种，在保持地方品种肉牛耐热且牛肉品质高、风味独特等特点的同时适当导入国外品种肉牛基因来改善提高地方品种肉牛的生产性能。在技术上，科研院校和育种协会提供育种技术服务支持，如全基因组检测＋超数排卵＋体内外胚胎生产＋胚胎移植技术，差异化同期发情定时输精技术。加强肉牛品种改良，积极推广良种繁育技术，利用优质肉牛冻精开展选种选配，扩大良种肉牛数量。

（三）充分利用农副产品资源，加快饲料研发力度

一方面，加强与国内外的交流与合作，引进优良牧草种质资源，开展优良牧草选育、试验、示范和推广，提升广东省牧草种植业整体水平。另一方面，应充分利用华南地区的农副产品资源（如菠萝、柑橘和甘蔗等），将其发酵后应用于肉牛饲养，在减少资源浪费的同时还可以避免将加工副产物随意丢弃造成的污染，并降低饲料成本。

（四）打造肉牛特色品牌，开发销售新渠道

政府、科研院所和社会组织等提供引导和帮助，构建肉牛良种引进、饲料加工生产、屠宰加工和产品安全保障等各个环节的标准体系，把广东省肉牛数量提上来，进一步发挥潮汕牛肉火锅和预制菜的品牌优势，打造一系列有影响力的地理标识和知名品牌。同时加强牛肉产品宣传和推广，积极开发多种适合广东市场需求的牛肉制品，建立顺畅、便捷的牛肉产品流通、消费渠道。

第六节　产业体系助力肉牛产业发展

在广东省农业农村厅科教处的支持下，广东省现代农业产业技术体系南方现代草牧业（牛）创新团队于 2019 年组建成立。创新团队首席单位为广东省农业科学院动物科学研究所，岗位专家分别由来自广东海洋大学、广东省农业科学院动物科学研究所、华南师范大学、广东省农业科学院蚕业与农产品加工研究所、广东省农业科学院动物卫生研究所等单位，从事产业经济、遗传与繁育、营养与高效饲养、牧草品种选育与高效栽培、加工与储运、疫病防控研究的专家担任，根据研发和示范推广需要，设有奶牛、肉牛、牧草和疫病防控综合示范基地。同时，聘请了国家肉牛牦牛产业技术体系等行业专家为技术顾问。创新团队以解决制约广东省草牧业（牛）发展的瓶颈问题为目标，实现全产业链技术支撑和服务，推动广东省现代草牧业（牛）产业的发展，同时满足国家在宏观决策和咨询建议方面的需求。

创新团队以湛江市麻章区畜牧技术推广站雷琼黄牛国家级保种场、湛江市畜牧技术推广站雷琼黄牛广东省保种场、广东省梧聚农牧有限公司牛场为基础组建雷琼黄牛开放型育种核心群（图 3-16）。

图 3-16   雷琼黄牛开放型育种核心群

创新团队建立了陆丰黄牛核心群场 1 个，形成陆丰黄牛遗传资源群体构建与鉴定技术 1 套。为省级陆丰黄牛产业园和陆丰黄牛核心群保种场提供技术支持。基于全基因组单核苷酸多态性（SNP）开展陆丰黄牛的品种鉴定工作（图 3-17）。研究陆丰黄牛和雷琼黄牛与世界不同地域家牛的系统发育关系，解析不同家牛群体的遗传多样性，为地方家牛资源的鉴定与保护奠定理论基础。采集了12 头陆丰黄牛和 17 头雷琼黄牛（2 个品种 29 个个体）的组织样品，进行全基因组重测序，再整合世界范围内其他 24 个品种 92 个个体的 NCBI 公共基因组数据，共计 26 个品种 121 个个体的信息开展群体遗传学研究。选用 Bos taurus ARS-UCD1.2 作为参考基因组，经基因组序列比对与质量控制获取高质量 Reads，应用 GATK 软件检测基因组 SNP。整合系统进化树、PCA、Admixture 的结果发现普通牛与瘤牛分化，瘤牛群体存在中国瘤牛与印度瘤牛分化，普通牛群体中东北亚普通牛（韩牛、延边牛）和西藏牛与欧洲普通牛分化，温岭高峰牛和舟山牛从中国瘤牛群体中分化。陆丰黄牛和雷琼黄牛均属于纯正的中国瘤牛，但陆丰黄牛与皖南牛之间、雷琼黄牛与吉安牛之间呈现最近的亲缘关系，说明陆丰黄牛与地域临近的雷琼黄牛属于两个独立的品种。部分陆丰黄牛与雷琼黄牛均存在欧洲普通牛和东北亚普通牛的血统混杂，且混杂比例较高，说

图3-17 陆丰黄牛保种基地开展性能测定

明这两个品种牛急需加强群体内的提纯复壮。相较于欧洲普通牛和韩牛，中国家牛群体的连锁不平衡（LD）衰减速率更快，核苷酸多样性（Pi）和杂合度（Hp）更高，说明其遗传多样性更丰富。相较于其他中国家牛，陆丰黄牛和雷琼黄牛的LD水平更低，杂合度更高，且核苷酸多样性和杂合度的密度分布更为集中，说明两者受人工选择强度较低，且维持较高的群体遗传多样性。通过全基因组SNP标记，系统解析了陆丰黄牛与雷琼黄牛的群体遗传结构和多样性特征，为这两个品种独立分类及其保护利用提供数据支撑。

创新团队构建了广东省牧草种质资源库和繁育基地，为牧草新品种的选育提供种质资源保证。对广东省的牧草品种、种植情况和经济性能开展调研和评估。青贮玉米新品种华穗1号已完成初试、复试及生产试验，进入品种审定环节，华穗2号完成初试、复试及生产试验（图3-18）。

创新团队发布了《关于做好牛结节性皮肤病防控的工作函》，并及时发送给各地动物疫病预防控制中心、广大肉牛养殖场，让行业从业人员充分认识到做好牛结节性皮肤病防控工作的重要性，做到早发现、早报告、早确诊、早处置，坚决防止疫情扩散蔓延，保障肉牛产业持续健康发展。针对牛结节性皮肤病建立了实验室快速诊断检测方法——羊痘病毒和牛结节性皮肤病病毒二重荧光PCR，

图 3-18　青贮玉米新品种华穗 1 号和华穗 2 号的种植品质评估

获得国际专利授权 1 件（图 3-19）。制订了合理、科学的药物保健、防制程序/规程等，为广东省广大养牛户提供技术服务。

南方农村报社、广东省乡村振兴文化服务产业园主办，牛羊宝典、广东省农业科学院动物科学研究所、广东省现代农业产业技术体系南方现代草牧业（牛）创新团队联合承办"2020 南方牛羊产业发展高峰论坛"，推动一二三产业融合发展。全国各地的专家、肉牛养殖和牛肉加工的企业代表等近 200 人参加论坛，共同探讨如何推动产业高质量发展。研讨涵盖了养殖技术、产品精深加工、品牌建设和生态旅游等内容。创新团队首席专家陈卫东研究员做主题报告《新形势下广东肉牛产业发展路径思考》，为广东省肉牛产业的发展提供了思路与建议。在创新团队、南方农村报社、广西肉牛肉羊产业创新团队的联合牵头下，成立"南方牛羊产业体系联盟会"。该联盟会作为联系政府机构和企业、企业和企业之间沟通合作的纽带，辅以技术服务，输出产业资源，加强技术交流，加速资源整合。

Australian Government
IP Australia

CERTIFICATE OF GRANT
INNOVATION PATENT

Patent number: 2021102363

The Commissioner of Patents has granted the above patent on 9 June 2021, and certifies that the below particulars have been registered in the Register of Patents.

Name and address of patentee(s):

Institute of Animal Health, Guangdong Academy of Agricultural Sciences of No. 21 Baishigang Street, Wushan Road, Tianhe District Guangzhou 510640 China

Zhengzhou Zhongdao Biotechnology, Co. LTD of 3rd Floor, Building 2, Incubation Building, National University Science Park (West District), High-tech Zone Zhengzhou Henan 450000 China

Title of invention:

DUAL-FLUORESCENT PCR PRIMER, PROBE, METHOD AND KIT FOR IDENTIFYING CAPRIPOX VIRUS AND LUMPY SKIN DISEASE VIRUS

Name of inventor(s):

Zhai, Shaolun; Lou, Yakun; Lv, Dianhong; Wei, Wenkang; Sun, Mingfei; Wen, Xiaohui and Zhai, Qi

Term of Patent:

Eight years from 5 May 2021

NOTE: This Innovation Patent cannot be enforced unless and until it has been examined by the Commissioner of Patents and a Certificate of Examination has been issued. See sections 120(1A) and 129A of the Patents Act 1990, set out on the reverse of this document.

Priority details:

Number	**Date**	**Filed with**
202011062645.X	30 September 2020	CN

Dated this 9th day of June 2021

Commissioner of Patents

PATENTS ACT 1990
The Australian Patents Register is the official record and should be referred to for the full details pertaining to this IP Right.

图 3-19　国际专利授权文件

（闵力）

第四章//
现代智慧养牛装备

智慧养牛装备是指通过信息技术、传感器技术、自动控制技术等手段，对养牛过程中的生产、管理、环境等多个方面进行监测、控制、优化，以提高养殖效率、降低成本、保障动物福利的一种装备。它是智慧农业在畜牧业领域的应用。

第一节　肉牛养殖现状

一、肉牛养殖规模

中国肉牛养殖规模相对较小，多数农户在小规模下进行养殖，而大规模的肉牛养殖主要见于一些龙头企业和企业集团。中国肉牛养殖场的规模普遍小于 100 头。肉牛养殖成本相对较高，主要是因为饲料价格和兽药价格较贵，同时劳动力成本也较高。这些成本问题导致了中国肉牛养殖行业的生产效率相对较低。肉牛养殖的机械化程度相对较低，大多数农户仍然采用传统的养殖方式，比如手工饲喂和清理粪便。随着技术的不断进步和政策的支持，一些现代化养殖场开始采用自动化饲喂设备和粪便处理设备等。肉牛养殖业龙头企业数量较少，市场竞争不太激烈，但随着行业的逐渐发展，越来越多的企业开始涉足肉牛养殖领域。据《安格斯》杂志整理的"2023

中国肉牛养殖集团 TOP50"榜单,中国肉牛养殖企业存栏量前 10 位的企业分别是吉林省长春皓月清真肉业股份有限公司、华凌农牧业集团有限公司、新疆创锦农牧业有限公司、贵州黄牛产业集团有限责任公司、新疆天莱养殖有限责任公司、龙江元盛和牛产业股份有限公司、重庆恒都农业集团有限公司、河北福成五丰食品股份有限公司、黑龙江国牛牧业有限公司和长春城开农投畜牧发展有限公司。

　　欧美等发达国家肉牛养殖规模相对较大,多数养殖场都是大型的现代化生产基地,规模经常达到数千头以上。美国、澳大利亚、阿根廷等国肉牛养殖场的规模常常超过 1 000 头,甚至有些达到数万头。其肉牛养殖成本相对较低,主要是因为饲料价格和兽药价格较便宜,同时机械化程度高,劳动力成本低。美国、澳大利亚等国的肉牛养殖业采用的是现代化技术和自动化设备,如自动化饲喂系统、牛舍通风系统、智能化的环境监测系统等,可以提高生产效率,降低劳动力成本。肉牛养殖业的龙头企业数量较多,市场竞争相对激烈,这些企业往往具有较强的资金实力和技术优势,采用现代化管理模式和先进的养殖技术,以规模化生产和品牌建设为主要发展策略。例如,美国的 Tyson Foods、JBS、Cargill、Smithfield Foods,澳大利亚的 AACo、Teys Australia 等企业在国际肉牛养殖市场占据重要地位。

二、肉牛养殖成本

　　肉牛养殖平均成本因地区、规模、养殖方式等因素而有所差异,但一般包括以下几个方面的费用:①饲料成本:占养殖成本的主要部分,一般在 60% 以上。②劳动力成本:包括养殖员工工资、保险等费用。③兽药成本:包括疫苗、药品、检测等费用。④水电费用:包括牛舍用电、自来水、污水处理等费用。⑤租赁费用:如果养殖场没有自己的土地和建筑,需要支付租金。

据中国畜牧业协会发布的数据，2020年中国肉牛养殖的平均成本约为73.03元/kg，其中饲料成本约占65%。同时，由于中国肉牛养殖的规模相对较小，机械化程度较低，劳动力成本和兽药成本等费用相对较高，导致养殖成本相对较高。

据美国农业部发布的数据，2020年美国肉牛养殖的平均成本约为26.05元/kg，其中饲料成本约占60%。澳大利亚和欧洲国家的肉牛养殖成本也相对较低，但具体数字因国家和地区而异。

三、智慧养牛装备的发展历程

（一）传感器技术和智能监测系统阶段（2000—2010年）

中国智慧养牛装备的发展始于2000年左右。当时，传感器技术的应用开始逐渐普及。养殖场开始采用温度、湿度、氨气等传感器来监测牛舍的环境。同时，智能监测系统开始被引入养殖场，用于实时监测牛群的饮食、生长、繁殖等方面的数据。这些技术的应用，使得养殖场能够及时发现问题，提高生产效率。

（二）自动控制技术和远程监控系统阶段（2010—2015年）

2010年左右，中国智慧养牛装备的发展进入了自动控制技术和远程监控系统阶段。这个阶段的关键技术是自动饲喂系统和智能药物投放系统。自动饲喂系统可以根据牛群的饮食习惯和营养需求，自动投放饲料。智能药物投放系统可以根据牛群的健康状况和药物使用量，自动计算药物剂量，并在指定的时间投放药物。同时，远程监控系统的应用，使得养殖场管理人员可以通过手机、电脑等设备，实时了解养殖场的情况，对养殖场进行远程监控和管理。

（三）大数据分析和人工智能应用阶段（2015年至今）

2015年后，中国智慧养牛装备的发展进入了大数据分析和人工智能应用阶段。随着传感器技术的不断发展和普及，大量的数据被收集，其中包括了牛群的饮食、生长、繁殖等方面的数据。这些数据可以被应用于大数据分析和人工智能算法中，进一步优化养殖场的管理和决策。比如，基于大数据分析和人工智能算法，可以预测牛群的疾病发生率。

美国智慧养牛装备的发展领先中国 5～10 年：传感器技术和智能监测系统阶段（1990—2000 年），自动控制技术和远程监控系统阶段（2000—2010 年），大数据分析和人工智能应用阶段（2010 年至今）。大数据分析和人工智能应用阶段的主要技术有人工智能、信息物理系统和物联网、平台、信息与通信技术、大数据分析和云计算等，各种技术相辅相成，其功能如表 4-1 所示。

表 4-1　智慧养牛"大数据分析和人工智能应用阶段"的相关技术

人工智能（AI）	信息物理系统（CPS）和物联网（IoT）	平台	信息与通信技术（ICT）	大数据分析	云计算
Artificial Intelligence（AI）	Cyber-Physical Systems（CPS）and Internet of Things（IoT）	Platforms	Information and Communication Technologies（ICT）	Big Data Analytics	Cloud Computing
计算机或智能机器人执行与人有关的任务的能力。它包括学习、推理和自我纠正。它能比人类更快、更准确地从数据中得出结论，并能够根据结论自动采取行动	CPS 是一种基于计算机的监控或控制机制。在物联网中，设备之间以及与人实时通信和合作，从而实现去中心化和自动化的决策调整，减少终端的数量	平台是一种商业模式，通过促进消费者和生产者之间的交流来创造价值和机会，如供应链的电子采购平台和销售平台	通过信号提供信息的技术，包括因特网、无线网络、移动电话和其他通信媒体	通过收集、分析数据来发现趋势、相关性、消费者偏好和其他信息，还可以进行预测分析，可以实时优化多功能生产，从而实现灵活调整生产计划	使用远程网络的服务器托管在互联网上存储、管理和处理的数据，而不是访问本地服务器或个人电脑

四、智慧养牛装备的意义

使用智慧养牛装备，对养殖户、销售商家和消费群体具有重要意义：

对养殖户而言，智慧养牛装备可以提高养殖效率、降低养殖成本，提高养殖收益。例如，使用智慧穿戴装备可以监测牛的饮食、活动、生理状况等数据，帮助养殖者更好地管理牛群，提高养殖效率；使用信息化装备可以自动监测和管理牛群，减少人工成本和劳动力成本，从而提高养殖效益。此外，智慧养牛装备还可以帮助养殖户更好地管理牛的健康、生产环境和生产数据，使养殖工作更加科学化、标准化、规范化。例如，通过智能环境控制装备可以控制牛舍温度、湿度、通风等参数，为牛群创造更加适宜的生产环境，提高牛群的生产效率和健康水平。

对销售商家而言，智慧养牛装备的应用可以提高产品质量和安全性，为商家提供更加有竞争力的产品。同时，智慧养牛装备的应用可以帮助商家更好地掌握供应链数据，提高销售效率和准确性，促进商家与养殖户之间的合作和信任。

对消费群体而言，智慧养牛装备可以提高产品的质量、安全性和可追溯性，提供更加优质的产品。例如，通过 RFID（射频识别）溯源技术对牛的饮食和健康状况进行监测，可以让消费者获取到更多有关产品的信息，包括产品的养殖过程、饲养情况、营养成分等，使消费者更加了解和信任产品，优化消费体验。

总而言之，智慧养牛装备的应用可以促进养殖业的高质量发展，提高产品的质量和安全性，从而使养殖户、销售商家和消费群体都受益。

第二节　智慧肉牛养殖设备与平台

智慧养牛装备是一种基于现代科技的农业装备，旨在帮助养殖者更好地管理和监控养牛过程，提高养殖效率和质量。

一、肉牛舍环境监测与控制装备

（一）　肉牛舍环境监测系统

肉牛舍环境监测系统是一个对肉牛舍内部的温度、湿度、氨气等环境参数进行实时监测和数据采集，并进行数据处理、分析和管理的系统。其机理和工作方式主要是通过传感器采集牛舍内的环境参数数据，然后通过数据采集器、通信设备和计算机进行实时监测、数据处理和管理（图4-1）。该系统用到的技术包括传感器技术、嵌入式系统设计技术、通信技术、计算机软件技术等，所用硬

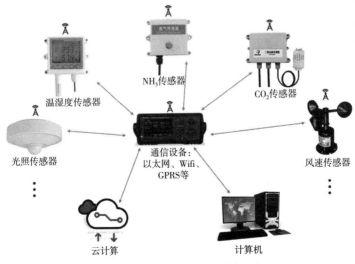

图4-1　牛舍环境监测系统组成

件包括传感器、数据采集器、通信设备和计算机等。

传感器：用于对牛舍内的环境参数进行监测，如温湿度传感器、NH_3传感器、CO_2传感器、风速传感器、光照传感器等。这些传感器可通过模拟信号或数字信号输出相关参数的数据，用于数据采集和传输。

数据采集器：负责收集传感器输出的数据，并将其转换成数字信号后，通过无线或有线方式传输到计算机或数据中心进行数据处理和管理。数据采集器通常采用嵌入式系统设计，集成了 CPU、存储器、网络接口等功能模块。

通信设备：用于实现数据采集器与计算机或数据中心之间的数据传输。通信设备包括有线网络和无线网络两种形式，如以太网、Wifi、GPRS 等。通信设备的选择应根据现场的网络环境和数据传输距离等因素来决定。

计算机：是系统的核心部件，负责接收和处理数据采集器传输的数据，并将其存储、处理和管理。计算机采用专用软件，如数据采集和处理软件、数据存储和管理软件、报警和预警软件等，实现数据的实时处理和管理。此外，计算机还可以通过云计算等方式，实现对数据的远程访问和管理。

（二） 智能环境控制装备

丹麦 SECCO 公司在环境控制装备方面开发了大量的产品，如通风设备、降温设备等。

1. 通风设备

通风设备主要由风机、通风管道、自动控制系统等构成，其通风方式可分为板式通风方式、风管通风方式、天花板通风方式、壁式通风方式等。板式通风方式和风管通风方式比较适合基于自然通风的空气补充，为舍内动物精准供气（图 4 - 2a 和 b）。天花板通风方式和壁式通风方式则适合密闭舍或者夏季舍内需要大量通风时使用，其能耗比板式通风方式和风管通风方式高（图4 - 2c 和 d）。

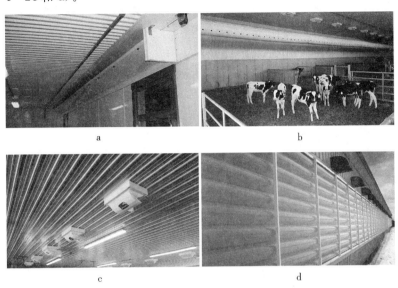

图 4 - 2　通风方式
a. 板式通风方式　b. 风管通风方式　c. 天花板通风方式　d. 壁式通风方式

2. 降温设备

夏季舍内温度较高时一般可以通过通风降低舍内温度，但持续高温时则需要辅助一定的降温设备，如雾化降温设备和湿帘（图4 - 3），降低牛的热应激。雾化降温通过使用高压雾化喷头将雾化液滴吹入牛舍中。液滴在高温空气中吸热蒸发，从而冷却空气。高压雾化冷却方式可以将牛舍温度降低多达4～7℃。除此之外，还可以通过湿帘降温方式降低舍内温度。湿帘上持续有水流通过，当外界的空气经过湿帘时就会冷却，冷却的空气进入舍内，从而降低舍内温度。通过使用湿帘降温，舍内温度最高可以降低 3～5℃。

a   b

图 4 - 3 　辅助降温设备
a. 雾化降温设备　b. 湿帘

二、自动粪便清理机器人

自动粪便清理机器人（图 4 - 4）专门用于自动清除动物粪便，其结合了各种先进的感知技术、智能控制系统和机器视觉功能，能够高效、准确地识别和清除各种类型的动物粪便。大部分的机器人采用电池供电，零排放，对环境没有污染。同时，由于采用电池供电，它还具备低噪声和低能耗的特点，适用于室内和室外环境，不会对周围环境和人类造成干扰。其主要功能如下：①自动感知功能。自动粪便清理机器人配备了各种传感系统，包括红外线、激光传感器和摄像头等，可以感知周围环境和粪便的位置，从而进行准确的定位和识别。它能够识别不同大小、形状和颜色的牛粪，并准确定位粪便位置。②智能清除功能。自动粪便清理机器人内部搭载了先进的算法和控制系统，能够根据识别到的粪便位置和形状，智能规划清除路径和动作，以最高效的方式清除粪便，并避免与其他障碍物发生碰撞。它可以在牛舍内部或牛圈周围自动巡航，并对粪便进行及时清理。③高效清洁功能。自动粪便清理机器人采用高效的清洁技术，具备强大的清理能力和效率。它能够快速而彻底地清

图 4 - 4 ENRO-dung 自动粪便清理机器人
(奥地利 Schauer Agrotronic 公司)

除牛粪，减少了传统人工清理的时间，降低了劳动成本。

在养牛场中，粪便的清理是一项重要的工作。自动粪便清理机器人的使用可以极大地提升生产效益。它能够自动清理牛舍和牛圈中的粪便，保持环境的清洁与卫生，减少传染病的传播风险，改善牛群的生活环境，提高了牛群的健康状况和生产效能。传统的牛粪清理需要大量的人力投入，费时费力。使用粪便清理机器人可以减轻工作人员的负担，节约劳动力成本，使人力资源能够更加合理地分配到其他重要的工作领域。

PriBot 是德国 Peter Prinzing GmbH 公司开发的一款先进的移动粪便清理机器人（图 4 - 5），主要适用于清洁牛场板条地板。粪便清除系统由机器人、遥控器和充电站组成。对 PriBot 的驾驶方式和启动时间可以自由编程。由于它具有避障功能，可以主动绕过障碍物，甚至可以进入人行道停留，对动物可以起到一定的保护作用。该机器人可通过人工智能学习，定时定期清洁牛舍，并将舍内环境实时反馈给牛舍智能管理系统，在减少养殖者工作量的同时，协助养殖者对牛群进行高效管理。

图 4 - 5　PriBot 移动粪便清理机器人

AspiConcept 移动清理机器人是由法国 Génération Robots 公司研制的用于清除牛场粪便的机器人（图 4 - 6）。该机器人可以在地图上定位自身位置，并按照预定的路径自主导航。由于安装了 360°激光测距仪，其具有物体检测和避障功能，可实现自主工作。此外，该机器人还增加了水枪和强力真空泵，可以进行冲洗并吸入浓稠的浆液，使清理更干净。

图 4 - 6　AspiConcept 移动粪便清理机器人

三、饲喂设备

（一）自动推料机器人

自动推料机器人（图 4 - 7）能够自动执行饲料推送任务，取代传统的人工操作。它可以准确地定位和推送饲料，确保饲料在饲槽中均匀分布。自动推料机器人的功能和特点如下：①智能感知和定位功能。自动推料机器人配备了先进的传感系统，如激光传感器、摄像头等，能够感知周围环境和饲槽的位置。它可以精确地识别饲槽的位置和饲料的分布情况，以便有针对性地进行饲料推送。②高精度推送。自动推料机器人具有高度的精确性和稳定性。它可以按照预定的路径和规则，以精确的力度和速度推送饲料，确保饲料均匀分布在饲槽内，避免过度或不足的情况发生。③自适应功能。自动推料机器人具有良好的自适应能力。它能够适应不同形状、尺寸和类型的饲槽，并根据饲料的特性和需求进行相应的调整和优化。

a   b

图 4-7 自动推料机器人

a. 奥地利 Schauer Agrotronic 公司 FARO 推料机器人

b. 深圳斯维垦公司 SCP300 自动推料机器人

通过自动化的饲料推送过程，提高工作效率，减少人工操作所需的时间和劳动力成本。它可以在规定的时间间隔内自动进行饲料推送，确保肉牛获得及时供应的饲料。自动推料机器人的精确推送和均匀分布饲料的功能可以提升肉牛的饲料摄入量和消化效率，从而提升生产效益和肉牛的健康状况。

（二） 轨道饲喂机器人

轨道饲喂机器人能够根据预设的时间表和设定的饲喂量自动为

牛提供饲料（图4-8）。它可以在牛舍内沿着预定的轨道运行，并通过机械臂或饲喂器将饲料投放到指定的位置。可以根据牛的饲料需求和饲喂计划进行定制化设置。饲喂量、频率和时间可以根据牛场的要求进行调整，以确保牛获得适量的饲料和营养。一些轨道饲喂机器人具备实时监测和数据记录功能。它们可以收集饲喂量、饲料消耗情况和摄食行为等数据，提供给养殖人员，用于监测和分析，以做出更好的管理决策。轨道饲喂机器人能够精确地将饲料投喂到指定位置，减少饲料的浪费和过度投喂的情况，有助于节约饲料成本，并减少环境污染。使用轨道式自动饲喂机器人，可以提高生产效率，大幅度减少人工操作时间，提高饲喂的效率和产能，从而减少人工操作，降低劳动力成本，并减少由于人为错误而引起的损失。

a b

图4-8 轨道饲喂机器人（奥地利 Schauer Agrotronic 公司）

a. 自动上料 b. 自动投放

轨道饲喂机器人的工作流程为：到喂料时间点时，其首先在搅拌机的出料口装载饲料—通过架设在天花板的轨道及装载箱体到达牛舍—在料槽的位置投放饲料—投放完成自动返回—等待下一次投喂。

（三）牧场饲料补充机器人

为满足放牧肉牛的营养需求，农场主通常会在牧场为肉牛补饲饲料补充剂，以使其达到更好的生长效果。牧场饲料补充机器人

（图 4-9）通常使用发动机或者电池提供动力，最高运输饲料量多达 1t，单次行驶路程超过 400km。较高级的牧场饲料补充机器人使用独立的四轮驱动前悬架，使其能够在崎岖的牧场道路上行驶。此外，还配备了 RTK GPS 天线，可在用户设置的预定地理围栏内精确驾驶，也可以与牛场围栏系统配合使用，实现在牧场与牧场间的轮值。牧场饲料补充机器人安装有激光雷达和摄像头，通过人工智能技术进行避障、远程监控和数据收集。

图 4-9　牧场饲料补充机器人（Smooth Ag. Solutions 公司）

四、自动牧草包收集机

一般，自动牧草包收集机（图 4-10）具备收集、定位、传送和解开的功能，以及高效性、多功能、高精准度、操作简便、耐用和自动化等特点，是一种高效、可靠的设备，可用于农业和饲养业中的牧草处理和管理。

自动牧草包收集机的工作原理：通过配备的定位系统，准确定位和识别牧草包的位置，到达位置后进行收集，将收集到的牧草包传送到指定的仓库，解开牧草包。

自动牧草包收集机能够快速而高效地收集、定位和传送牧草包，提高了工作效率和生产能力，可以减少人工干预和人为错误，提高操作的准确性和一致性。自动牧草包收集机具有广泛的适用性，适用于不同形状和尺寸的牧草包，包括圆形和方形牧草包。自动牧草包收集机一般具备简单易用的操作界面和控制系统，使操作员能够轻松掌握设备的操作和控制技术。此外，还具有良好的耐用性和可靠性，适应恶劣的工作环境和长时间的使用。

a   b

图 4 - 10 自动牧草包收集机（Vermeer 公司）
a. 牧草包收集机 b. 操作界面

五、动物穿戴设备

随着技术的进步，农场管理正朝着减少体力劳动和成本、提高产量和利润的趋势发展。便携式电子监测设备通过单独监测和管理肉牛健康状况，从而实现集约化、大规模的肉牛养殖。自 20 世纪初以来，研究可穿戴电子监测设备在农业中应用的数量显著增加（Hendriks 等，2020）。使用新型生物传感器设备实时监测生理指标（如呼吸频率、心率变异性和心率、血压、外周血流量变化）和防御性反射，有助于了解牛舍、营养和基因如何影响动物对环境的适应能力。可穿戴传感器可以跟踪肉牛的摄食行为、反刍行为、瘤胃 pH、瘤胃温度、体温、活动及位置等。大多数可穿戴电子设备可以与网络互联，从而方便人们在手机客户端、小程序和网站上查看数据，实现远程监控。

有研究表明可以使用肌电图传感器、机械传感器和声学传感器等不同的生物传感器来识别牛的行为特征（Neethirajan 等，2017）。欲了解牛的行为特征，需要根据牛的位置、姿态和运动3个关键因素对每头牛进行密切观察。例如，将动物头部向下运动的时间添加到传感器的数据中，从而计算放牧时间。

牛会根据环境变化调整自己的行为，若农场主发现不及时，一些不好的行为有可能导致疾病。由于连续监测牛群需要耗费大量的劳动力，不可能对牛群进行大规模跟踪，因此，能够实现大规模、实时监测牛的生理参数的穿戴传感器就应运而生了。与传统的基于群体的设备相比，可穿戴传感器具有较大的优势，因为可穿戴传感器可实现对数据即时评估、及时反馈，从而缩短采取措施的响应时间。例如，RumiWatch（Itin＋Hoch GmbH，Liestal，Switzerland）是一款使用范围较广的鼻戴传感器监测设备（图 4-11），用于监测肉牛的饲喂情况和反刍活动（Zehner 等，2017）。表 4-2 列出了一些商用传感器的简要信息。

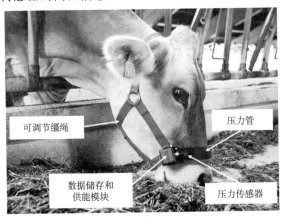

图 4-11　RumiWatch

表 4-2 商用头戴设备的简要信息

设备名称	简介	测量参数	参考文献
RumiWatch (Itin+Hoch GmbH, Liestal, Switzerland)	RW 系统带有用于控制传感器（RW 管理器）和研究未处理数据（RW 转换器）的软件。RW 传感器包括 1 个鼻戴压力传感器，1 个跟踪三维头部运动的三轴加速度传感器，以及 1 个数据记录器。鼻戴压力传感器安装在动物鼻梁上的皮带上，与一根充满丙二醇的管子相连，以检测下颌的运动。记录分辨率：10Hz；续航时间大约 100d	压力；下颌运动特征（咬，咀嚼，反刍）	Raynor 等，2021
基于耳标的加速度测量系统 (Smartbow GmbH, Weibern, Austria)	耳标包含一个加速度传感器、一个无线电芯片和一个用于校准的温度传感器，可以监测反刍、发情情况和定位	反刍、发情和当前定位	Herd Monitoring Software, 2022
MoonSyst (Moonsyst International Ltd.: P. O. Box 1329, Kinsale, Co., Cork, Republic of Ireland)	该设备可实时捕获瘤胃数据。该设备容易植入牛瘤胃中，并可持续存在于其瘤胃中。该设备通过通信网关将数据从肉牛佩戴的传感器发送到专门的云服务器。农场主可以使用 Mooncloud 软件应用程序随时随地查看信息。该设备可用于体重超过 350kg 的肉牛	监测健康状况，活动，瘤胃温度和运动	Moonsyst, 2022
SmaXtec (SmaXtec animal care GmbH, Graz, Austria)	瘤胃传感器可准确地监测牛胃内的直接信息，不需要进一步的维护。传感器数据由集成互联网的设备读出，并及时传输到云端。通过模数转换器（A/D 转换器）收集 pH 和温度变化数据，并将其存储在外部存储芯片中。该设备长 12cm，宽 3.5cm，重 210g，易被肉牛摄入，进入瘤胃。该设备还具有防震和抗氧化功能	pH 值，瘤胃温度，肉牛活动情况，饮水，进食行为	How It Works, 2023

（续）

设备名称	简介	测量参数	参考文献
体况评分设备 （DeLaval，International AB，Tumba，Sweden）	体况评分设备基于一个 3D 摄像机，记录肉牛身体的特定部位。摄像机安装在牛舍门口顶部，镜头正对下方，拍摄牛背部的图像。牛在摄像头前移动时，设备会识别这一动作，并拍下照片；然后，根据这些照片，采用 3D 摄像头，通过光编码技术，获得肉牛背部参数，并将背部参数转换为体况评分分值	体况评分	Antanaitis 等，2021
CattleEye （Cattle Eye Ltd.，Belfast，UK）	可将该设备的摄像头置于牛舍出口大门上方，记录下每头牛离开牛舍时的视频。基于 RFID 系统和云计算技术，智能分析视频，以识别牛的身份信息和健康状况等，从而实现全年实时跟踪肉牛的健康状况	牛标识	CattleEye，2022

国内学者在牛穿戴传感器的研究方面也取得了一些进展。通过在牛耳、颈、腿、背、尾等位置上加施传感器，实时获取牛的姿态（站立、躺卧、行走）、局部动作（进食、反刍、饮水、举尾等）、基础生理信息等，实现空间和时间上对个体全方位跟踪、监测、分析和管理。这得益于传感器的发展，使人们可以在个体水平下监测牲畜，监测的关键指标因监测部位不同而有所差异（图 4 - 12）（李永锋，2022）。监测进食行为可以预估牲畜个体的饲料摄入量和能量转化率，降低成本。目前主要通过压力传感器、声音传感器和加速度传感器监测进食、反刍和饮水行为。压力传感器通常固定在牛的鼻翼部位，在牛进食或者反刍时记录下颌运动压力值（BRAUNU 等，2013）。任晓惠使用加速度传感器对奶牛颈部的加速度信号进行采集，并应用萤火虫寻优算法优化支持向量机参数的方法对奶牛的反刍、进食、饮水 3 种行为进行分类，其分类精度、

灵敏度、准确率的平均值分别为 97.28%、97.03%、98.02%（任晓惠等，2019）。尹令等（2012）基于结构相似度的子序列段快速聚类算法（SC-SS, subsequence clustering based on structural similarity），首先利用加速度一阶差分值将奶牛运动动态时间序列传感数据划分成若干子序列段，然后计算子序列段加速度值、能量、标准方差等特征结构相似度，最后根据各个子序列的结构相似度进行快速聚类。结果表明，SC-SS 较常用 K-means 算法具有更高的运行效率，可更有效地完成奶牛行为分类，提高奶牛发情检测的准确率（尹令等，2012）。

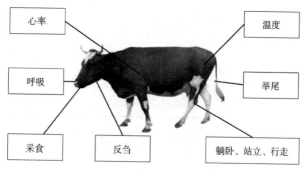

图 4-12 不同位置监测的关键指标

基于穿戴传感器的牛行为识别模型如图 4-13 所示，主要分为 4 步：①数据采集；②数据传输；③模型构建；④实时预警（李永锋，2022）。第一步，数据采集。不同穿戴传感器的佩戴位置不同。声音传感器和压力传感器的佩戴位置主要是头、颈区域，用于采集进食和反刍数据。加速度传感器的佩戴位置很多，用于颈部，可实现采集多种行为数据，而用于尾部，只能采集单一的举尾行为数据。温度传感器最适合佩戴在血管多、毛发少的位置。虽然穿戴传感器是非侵入式的，但佩戴过多容易对动物造成压力且成本过高。因此，开发多种传感器融合的颈部智能项圈是可能的解决方案。第二步，数据传输。大多数研究都是用 SD 卡保存行为数据，数据采集结束后，将数据上传电脑进行离线分析。在真实生产管理中，只有实时传输，数据才有意义，才能真正起到防患于未然的作用。此外，传输时过滤噪声数据，可以有效提高网络的传输效率。第三步，模型构建。在国内外研究中，牛日常行为分类的精度较高，但当测试的样本量增加时，效果不是很好，因此需要适当控制样本量。另外，仅凭单一的行为特征很难预测复杂的行为，针对不同的监测目的需要最佳的行为特征组合。将机器学习算法应用于牛行为识别中依旧是研究热点。第四步，实时预警。国内对于行为特征的应用停留在试验阶段，并未进行大规模验证。国外已经开始对传感器系统进行验证。传感器系统为农场带来了环境、经济和社会可持续性效益，但这些效益尚未通过持续性评估的方法加以量化。只有经过大规模验证，改进技术，避免错误预警，才能使生产者相信传感器系统的积极效果。

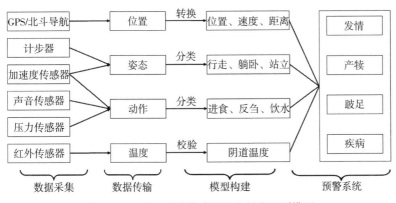

图 4 - 13　基于穿戴传感器的牛行为识别模型

为提高肉牛养殖管理效率，科技人员开发了穿戴式 GPS 定位追踪设备（图 4 - 14）。GPS 定位追踪设备通常由一台基站和多个牛用的接收器组成。基站负责发射信号，而接收器则佩戴在牛的身上，接收并响应基站发出的信号。接收器通常是通过颈圈、耳标或其他佩戴方式固定在牛体上。为了确保牛能舒适地佩戴接收器，而且不会对其正常行为和运动造成影响，接收器的重量通常被设计得轻量化。这样牛在佩戴时就不会感到过重或不适。GPS定位追踪设备的主要功能如下：①定位和追踪。通过GPS定位装置，准确追踪牛群的位置，了解牛群的活动范围和移动模式，有助于农场主或牧场经理更好地管理和掌控牛群的行动。②牛群健康监控。定位装置可以提供牛群的实时位置和活动数据。通过分析牛群的行为模式和活动情况，早期发现潜在的健康问题，如疾病、受伤或营养不良等，使牧场管理人员能够及时采取措施，保护牛群的健康。③疫情追踪和预警。在发生疫情或传染病暴发时，定位装置可以帮助追踪和控制牛群的移动，防止疫情的扩散。此外，通过设立电子围栏和警报系统，及时提醒农场主有关牛群的异常行为或可能的健康问题，从而提供预警和应急响应。④草地管理和资源优化。通过追踪牛群的位置和活动，实现更好地管理草地资源。农场主可以了解牛群在何处采食，以及它们对草地的利用程度，有助于优化草地的利用和轮换放牧，提高草地的产量和质量。⑤牧场管理和工作流程改进。定位装置可以提供关于牛群行为和活动的数据，有助于优化牧

GPS cattle tracker（英国Digitanimal公司）　　　Cattle collar（挪威Nofence公司）

图4-14　穿戴式GPS定位追踪设备

场管理和工作流程。农场主可以更好地安排员工的工作任务，监控牛群的放牧和运输过程，提高工作效率和资源利用率。

六、牛体重测量设备

牛的体重会影响泌乳、生长、怀孕、生育能力和瘤胃填充等，牛的体重还可以用于日粮计算和确定小母牛的人工授精日期，因此，牛的体重在优化生长性能、增加农民收入和监测动物福利方面起着重要作用。目前有许多体重估计方法，可将这些方法分为两类，即直接和间接方法。其中，自动、准确和非接触式的牛体重估计方法是最理想的。

最直接的方法是牵引每头牛站在电子秤或机械秤上进行单独称重。虽然这种方法可以获得最准确的体重，但耗时，并且可能会对牛造成伤害，尤其是在迫使牛上秤时。由于体重秤体积庞大、质量大且价格昂贵，在使用过程中有诸多不便，因此，研究者在探寻更简便的、非接触式的体重测量设备。

牛体重估计方法是通过基于 2D 或 3D 传感器获取牛的形态特征（如体长、体宽等），然后基于数据分析构建身体参数与体重的模型，最后获得牛的体重。图 4 - 15 展示了一些用于活重估计的牛

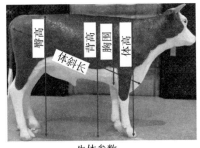
牛体参数

摄像头

3D TOF相机

激光雷达

实感3D相机

体感传感器

传感器示例

图 4 - 15　常用牛体参数和传感器

体参数和传感器（Yongliang Qiao 等，2021）。

在现有方法中，最具成本效益的是基于相机与自动图像分析二者结合的方法。在基于相机的方法中，首先提取体长、体宽和投影面积等形态特征，然后基于图像分析和机器学习，构建特征和权重之间的模型，以进行估计。

在基于 2D 相机的研究方面，Stajnko 等（2008）通过基于热成像和热图像分析牛体尺参数的方法来估计牛的活重，发现两个尺寸（肩高和臀高）与活重之间在统计学上存在显著关系。Alonso 等（2013）利用基于动物测量（即身高、腰长、臀部长度、胸围、大腿宽度和圆形轮廓）的支持向量及回归算法预测牛屠宰前 150d 的胴体重量。尽管基于 2D 相机的系统和方法取得了较大的进展，但通过 2D 相机提取的特征容易受到相机视点或牛运动姿势变化的影响，其精度通常会大打折扣。

与 2D 传感器不同，3D 传感器（如 3D 摄像头、LiDAR）可以提供体表的深度信息，因此可以显著提高体重估算精度。在基于 3D 相机的研究方面，Yamashita 等（2017）提出了一种体重估计方法，通过使用从立体图像中提取的三维信息对小腿的形状进行建模。Gomes 等（2016）使用 Kinect 相机对肉牛进行身体测量，发现其心脏周长与体重具有很高的相关系数。Cominotte 等（2020）开发了一种自动化 3D 计算机视觉系统，该系统通过使用每种动物的生物识别身体测量值（如体重、面积、长度等）来预测肉牛的体重和平均日增重。Martins 等（2020）分别从侧面和背部角度使用 Microsoft Kinect 3D 相机确定体重，实现了横向和背部视角的体重估算。

3D LiDAR 技术也已用于精准养牛中牛 3D 信息的获取。Huang 等（2019）探索了通过 LiDAR 传感器的迁移学习进行自动牛测量。基于激光传感器感知的牛点云数据集（PCD），提取牛的轮廓进行体重测量（图 4 - 16）。Sousa 等（2018）开发了一个

LiDAR 传感器平台来估计饲养场的牛活重。基于激光传感器扫描数据，计算牛臀高和后视图面积，然后传送到基于人工神经网络的模型进行体重估计。

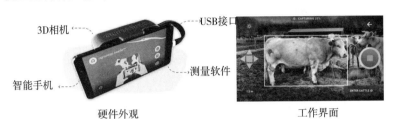

图 4-16　体重估算设备（Agroninja 公司）

第三节　智慧养殖装备技术难点和展望

一、技术难点

数据采集和分析：智慧肉牛养殖装备需要对大量的数据进行采集和分析，包括肉牛的身体数据、行为数据、环境数据等，需要解决数据的准确性和实时性等问题。

肉牛识别和监测：智慧肉牛养殖装备需要实现对肉牛的自动识别和监测，包括肉牛的数量、位置、状态等，需要解决肉牛识别的精度和肉牛状态的实时监测等问题。

养殖环境控制：智慧肉牛养殖装备需要实现对养殖环境的自动控制和调节，包括温度、湿度、气体浓度等，需要解决环境参数的测量和控制精度等问题。

饲料和水源控制：智慧肉牛养殖装备需要实现对饲料和饮水的自动控制和供应，需要解决饲料和饮水供应的精度和稳定性等问题。

疾病监测和预防：智慧肉牛养殖装备需要实现对肉牛健康状态

的监测和预防，包括疾病的早期预警和预防等，需要解决疾病监测的准确性和预防措施的有效性等问题。

二、展望

未来，智慧肉牛养殖装备有望在以下方面得到进一步发展：

数据采集技术的进一步提升：随着传感器技术的不断发展，可以开发出更加智能化的采集设备，提高数据采集的精度和稳定性。

人工智能技术的广泛应用：人工智能技术可以对大量的数据进行自动分析和处理，帮助养殖户快速发现问题并进行调整，提高生产效率和经济效益。

智能化控制系统的升级：随着云计算和大数据技术的发展，智能化控制系统可以实现更加精细化的养殖环境控制和肉牛健康监测，为养殖户提供更加可靠的管理支持。

生物技术的应用：生物技术可以通过基因编辑等手段，改善肉牛的遗传特性，提高生产效率和质量。未来还可以利用生物技术研发出更加适应当地气候和环境的肉牛品种，进一步提高养殖效益，促进可持续性发展。

养殖信息化水平的提高：随着智慧农业和数字化转型的推进，肉牛养殖行业将越来越依赖信息化技术，未来的养殖业务将更加数字化、智能化和网络化，在提高养殖效率和品质的同时，也将带来更多的商业机会和社会价值。

（魏鑫钰　罗毅智）

第五章//
牛产品质量安全追溯体系
与牛场数字化建设

第一节　牛产品质量安全溯源的相关问题

　　做好牛产品质量安全溯源，可以实现对肉牛生产、加工、流通等全过程的监管和控制，有效防范食品安全风险，保障消费者的身体健康。在我国，牛产品质量安全问题涉及面广，影响人群较多，产品质量问题的多样性、复杂性、分散性是我国牛产品质量监管的难题。牛产品质量安全追溯涉及质量安全监管法律法规、技术和信息标准体系、技术和装备等问题。

一、牛产品质量安全溯源法律法规不够完善

　　2009年我国正式实施《中华人民共和国食品安全法》，2015年进行修订，并于2018年、2021年进行了两次修正，确定了对食品安全工作实行预防为主、风险管理、全程控制、社会共治，建立科学、严格的监督管理制度的总要求。2006年颁布实施《中华人民共和国农产品质量安全法》，历经2018年修正、2022年修订，2023年1月1日正式实施新法，实行源头治理、风险管理、全程控制，建立科学、严格的监督管理制度，构建协同、高效的社会共治体系。要求供食用的源于农业的初级产品（称食用

农产品）应达到农产品质量安全标准，符合保障人的健康、安全的要求。2006 年我国出台了《畜禽标志和饲养档案管理方法》，要求建立动物源性产品质量安全追溯信息的关键点和信息标准体系，促进我国畜产品质量安全可追溯体系的建设和发展。尽管我国的食品安全相关法律法规正在进一步完善，但涉及牛产品质量安全的相关法律法规较少，因此，牛产品质量安全监管体系法规建设还须解决 3 个层次问题。一是还存在一些从无到有的法规的制定问题。制度是基础、是保障，不断完善的产品质量安全法律法规是政府有效监管的重要执法依据。二是有法可依、有法必依、违法必究的施法执法问题。三是与时俱进，需要不断完善法规体系的问题。

二、牛产品质量安全溯源技术和信息标准体系问题

牛及其产品质量安全溯源技术和信息标准体系是建立在产销供应链中各个环节的产品信息的准确、实时、安全获取和传递的基础上的，有利于解决牛产品质量安全溯源过程中信息不对称的问题，但统一规范的牛产品信息标准、有效的产品溯源信息采集模式、关键指标与影响质量安全的因素之间的风险分析模型和信息视图模型、基于特定条件触发的牛产品安全风险预警等有待进一步探索。"从农场到餐桌"全链条牛产品质量安全溯源技术和信息标准体系的建设需要大量的资金、技术、人员和时间成本的投入，特别是建设期比较长，需要持续的投入。

三、牛产品质量安全溯源技术和装备问题

物联网、RFID、区块链、大数据、5G、人工智能（AI）等新一代信息技术快速发展的成果，为牛产品质量安全追溯的科学性、

可持续性和高效性提供了重要的保障，但深度融合应用成本高，未能在牛肉生产、运输、销售等全链条上应用。

我国四川邛崃最早采用 RFID 技术为生猪安装动物电子标签，建立起了生猪产业链"信息库"，建成全国首家 RFID 电子标签的可溯源猪肉专卖店，实现生猪饲养全过程监控和供应链可视化可追溯管理。中国农业科学院北京畜牧兽医研究所研发的"天津猪肉质量安全生产数字化监控与可追溯系统"应用在生猪屠宰、销售、溯源等环节取得显著效果。西北农林科技大学开发了符合中国牛肉生产实际的质量跟踪与追溯系统。

虽然我国在标签溯源技术和装备方面取得了一定的进展和突破，但仍存在与国际先进水平差距大、使用成本高等问题。鉴于我国肉牛养殖仍以散户为主体，养殖小区与规模化养殖场并存的现状，如何建立农户散养的可追溯机制，也是未来亟待解决的难点。

第二节　牛产品质量安全追溯体系建设

一、牛产品质量安全追溯体系建设思路

（一）溯源信息的有效采集

牛及其产品追溯信息采集过程中涉及的信息对象多，信息来源广，数据量大，数据格式分散，需要对生产、加工、流通与销售等过程全方位、有效、准确采集信息和数据（图 5-1）。

（二）信息标准体系的构建内容

一是建立养殖场数据库和动物身份号码数据库。建立养殖场标识码系统，当动物从一个养殖场转移到另外一个养殖场时，可

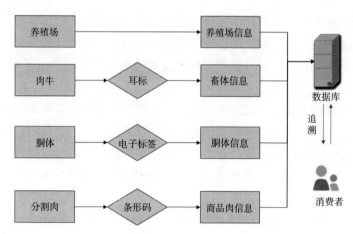

图 5-1　牛及其产品追溯信息采集流程

用单独的动物标识码进行标识。如果动物是一群体，作为生产链来进行管理，则用群体标识码进行标识。将养殖场、牛个体、群体的条形标识码与数字编码、电子标签识别与传统的肉眼识别有机结合起来，生产者和消费者均可通过输入商品的条形码或者扫描电子标签，在质量安全追溯平台相关网站上查询到牛出生、饲养、疫病防治、检验证明、管理过程、生产者图片等相关信息，实现对牛产品从农场到餐桌的全过程的可信和快速实时获取。

二是制定和完善牛及其产品溯源标准。针对牛及其产品生产、运输、销售信息化流程，分析比较国内畜产品追溯相关标准（表5-1），在筛选、确定安全追溯信息关键点的基础上，从信息分类、定义、描述、获取和交换上进行统一的数据规范，制定和完善具有科学性、系统性、可延性、兼容性和可操作性的牛及其产品安全信息标准，建立结构合理、划分清晰、层次得当的牛及其产品质量安全追溯信息标准体系。为了实现我国的牛产品追溯编码与国际接轨，避免国际贸易中的技术壁垒和由于重复建设所带来的不必要的资源浪费，可尽量参照国际物品编码协会（EAN）与美国统一代码委员会（UCC）联合制定的 EAN・UCC 编码系统通用规范进行信息标准体系构建。

表 5 - 1　我国农产品追溯相关标准

标准名称	标准号	发布单位	主要内容
动物射频识别代码结构	GB/T 20563—2006	国家质量监督检验检疫总局、国家标准化管理委员会	规定了动物射频识别过程中二进制动物代码的结构
农产品追溯编码导则	NY/T 1431—2007	农业部	规定了农产品追溯编码的术语和定义、编码原则和编码对象

三是完善产品标识信息。在生产环节对牛产品建立有效的验证和注册体系，并采用统一的中央数据库对信息进行管理。产品信息标识包括标识单个物流单元、数据库处理、单个物流单元证照、农场保留物流单元信息，溯源系统完整记录了供应链中产品的轨迹，可实现追溯功能，确保产品在意外情况下能够被立即召回。

（三）质量安全追溯信息框架构建

通过完善牛及其产品在养殖、加工、销售、消费者之间的透明信息传递，准确、全面规划生产信息的来源和获取路径，实现"从牛场到餐桌"的全程牛产品质量安全追溯体系的准确获取，实现信息框架的全面构建，为溯源提供对称信息支撑（图 5 - 2）。

二、牛产品质量安全追溯体系建设关键技术

（一）规范数据体系建立

建立科学的数据规范体系是养牛场养殖安全信息规范化管理及其与视频监控系统进行交互的基础。通过采用 XML（可扩展标记

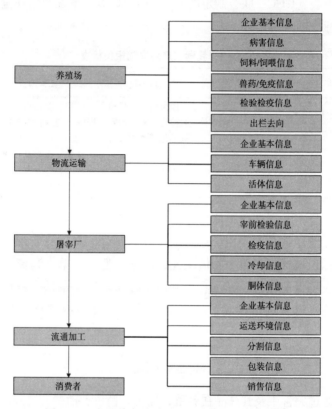

图5-2　牛及其产品质量安全追溯信息框架构建

语言）描述，记录溯源信息和视频信息关键字段，建立溯源信息和视频时间切片索引，实现数据存储与交换规范。

采用的方法步骤如下：第一，确定编码对象，这些对象是具有分类编码意义的数据元素集合，如牛的分类、检疫标准流程等；第二，建立质量安全信息的编码，对每一编码对象制定码长，如牛只的防疫用药、检疫标准等；第三，定义规范的取值规则，如牛的防疫用药剂的规格、数量等。

（二）牛产品质量安全监控平台

采用现代信息平台建构技术，建设基于 5G 网络的牛产品质量安全监控平台，用于管理牛养殖阶段的各类数据，包括牛的注册、分栏管理、用药管理、防疫等方面的数据，采用科学化、标准化的数据格式，便于信息的查找与排序。

使用超高频 RFID 耳标对牛进行个体标识，在牛栏入口、运输通道设置耳标读写器和视频监控器，对牛进行自动识别和信息记录，实现牛溯源信息、视频信息的动态跟踪管理。能够通过互联网实现牛入场、喂食、防疫、运输全过程质量安全信息的统一管理，提高监管力度和监管体系效能。

（三）溯源数据与视频数据的对接

为了维护养牛场的安全和对工作人员进行监督，很多养牛场已经安装了远程视频监控系统，实现对视频图像的采集，并存储到相应的数据库中，方便进行现场复原和责任追查。通过为视频数据库提供数据交互接口，实现溯源数据与视频数据的对接，实现视频监控数据管理的智能化。在溯源信息数据库与视频数据库之间建立关联对接，以便查询某头牛的养殖阶段关键信息，并从视频监控系统中调取对应的视频片段来进行查证。

技术路线见图 5-3。

肉牛养殖安全管理平台与视频监控系统保持相对独立，但可通过 socket 通信方式进行数据交互，达到两个系统相对独立，并能协同工作的目的。该数据交互接口包含两个子接口：①视频文件接口查询。接收字符串（包括镜头编号、时间），视频监控系统接收后，查询有无对应文件，如果成功匹配，返回文件全名。②视频文件接口复制。接受文件全名字符串，根据文件名传输视频文件（图5-4）。

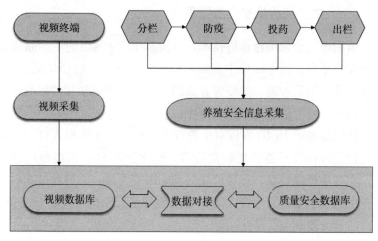

图 5-3　养殖溯源系统与视频监控系统对接的技术路线

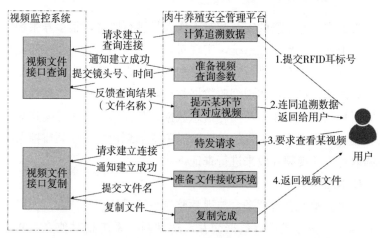

图 5-4　养殖安全管理平台与视频监控系统的数据交换流程

（四）技术集成

将物联网、大数据、区块链、人工智能智慧监控技术与新一代
5G 网络服务技术进行整合，形成牛产品质量安全追溯智慧管理平

台，对牛从入场、养殖到育成、出栏、屠宰、加工、贮藏、运输、消费等全过程进行动态跟踪和识别，保证数据的及时、安全和可靠性。溯源信息的科学编码和准确表达确认，为智慧监控提供了稳定的智能基础，向已建有视频监控系统的牛场提供数据接口，实现牛场内部的视频信息智能查询。综合技术整合后的肉牛养殖质量安全追溯平台架构如图5-5所示。

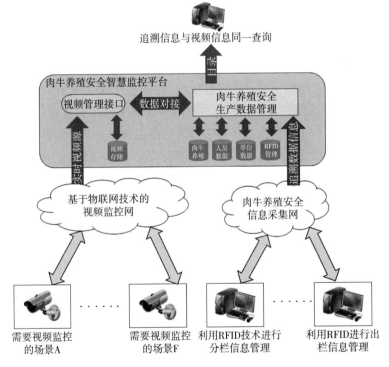

追溯信息与视频信息同一查询

肉牛养殖安全智慧监控平台

视频管理接口　数据对接　肉牛养殖安全生产数据管理

实时视频数据源　视频存储　肉牛养殖　人员数据　单位数据　RFID管理　追溯数据信息

基于物联网技术的视频监控网

肉牛养殖安全信息采集网

需要视频监控的场景A　……　需要视频监控的场景F　利用RFID技术进行分栏信息管理　……　利用RFID进行出栏信息管理

图5-5　肉牛养殖质量安全追溯平台的架构

利用大数据、区块链等技术建设以下信息资源库：①牛养殖安全数据库。用药安全管理（兽药购买与使用、饲料购买记录、疫苗领取与使用）、个体标识管理、档案管理（牛出生记录、牛购买记录、牛转栏记录、牛出栏记录等）、重大疫病记录等数据库，为养殖信息溯源提供详尽的数据。②视频监控系统数据库。通过布置在养牛场各处的视频监控设备，实现对牛养殖过程的重要环节进行视频记录，形成视频数据库，供后期查证。

第三节 牛场管理数智化建设

一、牛场数智化概述

（一）数智化的目标

牛场管理实现信息化、数字化、智能化，是现代畜牧业管理的重要手段。通过利用新一代信息技术对牛场进行数字化建设，针对牛场管理开发多种功能，实现对牧场和牲畜可视化智能控制管理，管理人员可从中查看牛场、每头牛的状态信息，并结合实时监测数据，建立牛应激反应、身体状况、饲喂状况、疾病预警、疾病诊断和专家会诊等模型，实现牛生产过程的全面监测、诊断、预警等目标。

（二）牛场大数据库的建立

通过终端传感器采集牛场全方位数据，利用 5G 网络上传至数据网关、NB 基站，传输、存储牛生长数据，结合育种技术，养牛方面的专家学者研发提供牛精细化养殖数据模型，通过大数据、云计算、人工智能分析技术，根据牛的品种类型、牧场气候、舍内温度和湿度、生长阶段数据等因素，自动匹配管理模型，实现繁育过程的数字化、智能化，提高繁殖率，降低生产成本，实现科学放养和定位、盘点功能。

（三）定位、盘点、监测、预警多项功能的实现

通过对牛进行数字化标识、24 小时定位和监测定位，实现对牛的精准实时盘点。对佩戴传感器设备的牛进行实时不间断测量，

采集其体温、运动步数等数据，建立大数据库；监测数据实时更新，传感器主机每天向云服务器上传存储的数据，丰富大数据库。通过人工智能（AI）持续进行智能分析，横向对比单个牲畜运动、体重变化情况；及时预警疾病、发情期、生产期等，准确定位患病牛，对可能出现的不利环境因素做预警方案，处置风险，制订经济化的最优方案，包括饲喂、通风、栏舍利用等方案，实现数据化、智能化管理。配合小型气象站监测牧场环境，实时制订、修正放牧计划。

二、数智化系统的功能

（一）实时监测

养殖户通过电脑 PC 端或移动端 App 实时接受云服务器阶段性更新的数据，实时查看牛的生长状态。云服务器向管理端实时传输监测到的生长周期、行动步数、地理位置等可视化数据。监测数据实时更新，主机/基站向云服务器上传存储的数据。

（二）自动称重

将自动识别电子耳标编号和实际编号进行对接，保存牛的体重数据；按牛的编号查看体重变化曲线，了解体重变化趋势，包括体重增长合格率、不合格率；饲喂配方管理软件根据称重分析结果及增长量要求，自动生成合理的日粮配方，指导生产。

（三）档案管理

牛的档案包括牛的编号（码）、品种、来源、出生日期、性别、配种时间、月龄、体重、疫苗注射、健康状况、外貌图像等相关信息。通过牛档案信息管理系统，在查询栏里输入某头牛的编号，可以查询牛的一切信息；可以通过手机、电脑等终端或者网络编辑牛的信息，包括信息录入、修改和删除。通过无应激自动称重系统，采集牛的体重数据，根据体重和对应耳标信息，自动对牛进行分群、统计，自动将报表导出，上传牛场管理系统。

（四）电子围栏

电子围栏是指由电子围栏主机和前端探测围栏组成的有形周界识别防盗报警系统。它是由主机产生和接收高压脉冲信号。牛在前端探测围栏处发生触网状态时，电子围栏能产生报警信号，并把信号反馈到系统安全报警中心，实现实时管控，及时应对，并实现集中式整体化管理。

（五）环境监测

在热区，牛在炎热环境下出现的生理热平衡紊乱或失调，称为热应激。当舍内温度达到30℃、相对湿度在70%以上时，牛处于轻度热应激状态；当舍内温度达到34℃、相对湿度达到75%以上时，牛处于中度热应激状态；当舍内温度超过35℃，相对湿度超过80%时，牛处于强度热应激状态。热应激不仅影响肉牛的正常生长发育和奶牛的产奶量、繁殖率，还会造成牛对疫病的抵抗力减弱，发病率升高，因此牛场环境监测尤为重要。环境监测包括：

（1）温度监测　可选用性能稳定、体积小、灵敏度高、线性相关度高的设备。测量范围为－55～125℃，测量精度为±0.5%℃。

（2）湿度监测　可选用性能稳定、体积小、灵敏度高和测量范围宽的设备。拟定测量范围为0～100%RH（相对湿度），测量精度为2%RH，非线性误差为±0.5%RH。

（3）光照度监测　可选用灵敏度高、测量精度高、安装方便、价格低廉的感光探测器。

（4）二氧化碳监测　采用二氧化碳分析仪进行二氧化碳监测。

（5）硫化氢监测　可选用电化学气体传感器。传感器应具有灵敏度高、简单的驱动电路简单、使用寿命长以及易于标定、安装和调试等特点。

（6）氨气浓度监测　可选用电化学氨气传感器。传感器应具有驱动电路简单、灵敏度高、使用寿命长、数据易于传输读取、适合多数场合安装和拆卸等特点。

（7）粉尘监测　可选用精度高、携带方便、高效节能、可进行多参数测量的粉尘检测设备。设备还可以分析粒径分布、PM2.5、PM10等细颗粒物的浓度，误差在±5％以内。

第四节　热区种草养牛信息管理系统

一、系统建设目的

针对热区种草养牛特点，以网站为平台，建设企业信息化网站管理系统，目的在于应用新一代信息化技术，对种草养牛企业（牛场）实现信息化、智能化管理，提升企业信息化水平和管理效能。通过建设信息化网站，实现草牧业产品电商网上网下同步，对外展示企业形象，推介产品和技术，提供全链信息化服务。

信息化网站管理系统同时作为企业内部OA办公、信息发布的平台，通过信息化技术手段，对企业牧草和肉牛生产、管理进行数据化、信息化、系统化、智能化管理，快速提高企业管理水平和养殖效益，提高运营效率，降低成本，推动热区草场和养牛业的可持续发展。

二、系统功能结构

热区种草养牛信息管理系统主要包括前端门户网站、后台管理系统和数据库系统三个部分。

（一）前端门户网站

前端门户网站包括首页、网站栏目等。网站栏目主要包括走进企业、新闻中心、养殖产业、品牌营销、联系我们、友情链接等（表5-2）。

表5-2　前端门户网站

	名称		简介	备注
首页	首页栏目：走进企业、新闻中心、养殖产业、品牌营销、联系我们、友情链接； 首页内容：显示关于我们、养殖产业、公司简介、新闻中心、行业资讯、相关行业网站的友情链接； 设计风格：主要按动态发布功能设计网站页面整体风格，合理布局网站结构和相关栏目			
网站栏目	走进企业	企业简介	作为企业对外的重要宣传窗口，可使浏览者快速、清楚了解公司整体的基本情况	图文动态发布
		企业文化		
		荣誉资质		
	新闻中心	公司新闻	通过网站后台系统动态添加企业新闻，自动抓取行业的相关新闻内容，滚动播放	
		行业动态		
	养殖产业	产品展示	企业产品展示窗口，可添加产品分类，上传相关产品图片及产品详细简介	图文动态发布
	品牌营销		企业品牌营销案例展示，可通过网站后台系统添加案例详细内容	图文动态发布
网站栏目	联系我们	联系我们	提供企业的联系信息，方便浏览者与企业联系，以及通过百度、高德地图API（应用程序编程接口）显示企业所在位置	图文动态发布
		地理位置		
		人才招聘	发布企业人才招聘信息	
	友情链接		相关行业领域网站的链接	动态发布

（二）后台管理系统

后台管理系统包括网站内容管理系统、牛场管理系统、牧草生产管理系统等。网站内容管理系统包括系统设置、账号管理、文章内容管理、栏目分类管理、友情链接管理、单页面管理等；牛场管理系统包括牛的资料信息管理、牛的状态管理、管理人员信息、牛群信息列表、淘汰离场牛、牛场信息、牛舍管理、环境监测、大型机械装备管理、疫苗兽药管理、疫苗兽药使用记录等；牧草生产管理系统包括草场管理、饲料管理、饲料喂养使用记录等（表5-3）。

表5-3　后台管理系统

类别	名称	简介	备注
网站内容管理系统	系统设置	设置网站相关信息	
	账号管理	管理员账号管理	
	文章内容管理	网站管理员可新增、编辑、删除、分类文章，在前端可以查看文章	
	栏目分类管理	对管理员新增的文章分类，可进行编辑、删除处理，系统支持新增二级文章分类，每个文章分类下可以添加多篇文章	
	友情链接管理	友情链接由管理员新增、编辑、删除，友情链接将显示在网站底部友情链接栏目处	
	单页面管理	添加、发布、编辑、删除单页面内容	

（续）

类别	名称	简介	备注
牛场管理系统	牛的资料信息管理	记录牛的品种、来源	
	牛的状态信息	牛的分类、泌乳状态、繁育状态、健康状态、当前胎次	
	管理人员信息	主要包括饲养员、兽医、技术员	随着饲养阶段和方式的不同，管理人员信息也不一样，因此，管理人员发生变动后，应及时添加和更新，并记录人员更换日志
	牛群信息列表	根据牛群结构的规定分类显示成年母牛、后备母牛、牛犊和公牛的信息	
	淘汰离场牛	对于某一牛群来说，由于疫病等情况会发生牛群数量的变动。该部分记录并统计牛群存栏变动情况，主要针对牛的离场信息、淘汰信息、死亡信息、移动信息、购买信息及存栏变动原因进行记录统计	记录肉牛发病、死亡和无害化处理情况
	牛场信息	牛场信息子模块能够完成牛场信息的管理，主要记录新牛场的注册信息，如牛场ID、牛场名称、联系人、通信地址、邮政编码、联系电话、电子邮箱及牛场简介等	

（续）

类别	名称	简介	备注
牛场管理系统	牛舍管理	牛舍管理子模块主要记录牛舍、容量、饲养员等信息，并提供数据查询、更改、删除等功能	
	环境监测	安装摄像头与环境因素传感器，监测牛场和环境变量并显示结果	
	大型机械装备管理	对单价超过1万元的装备进行集中管理，包括日常检修和维护等，形成电子台账	
	疫苗兽药管理	疫苗兽药管理子模块主要保存疫苗兽药出入库的信息，主要记录疫苗兽药出入库日期、疫苗药品类型、名称、规格、单价、数量、金额等	
	疫苗兽药使用记录	记录每次使用疫苗或兽药的相关情况，如使用时间、使用量、使用方式等	
牧草生产管理系统	草场管理	（1）牧草品种、技术信息；（2）草场面积、位置；（3）生长状况；（4）收割茬数、产量记录	
	饲料管理	饲料管理子模块主要保存饲料出入库的信息，系统可对饲料出入库日期、饲料类型、名称、单价、数量、金额等数据进行记录统计	
	饲料喂养使用记录	记录每天饲用牧草的喂养情况，如喂养时间、喂养量等	

（三）数据库系统

使用关系型数据库管理系统和区块链技术来创建热区种草养牛数据库。利用多种智能终端传感器设备和牛场管理软件，结合大数据、云计算技术，实时收集牛场中的各类信息数据，包括牛的编号、品种、来源、出生日期、性别、配种时间、月龄、体重、疫苗注射、健康状况、外貌图像、饲养记录、疫苗接种、体温监测及环境等相关信息。通过牛场管理软件的数据收集、存储、分析和管理功能，管理者可以便捷地获取养殖过程中的各项关键数据。同时基于区块链技术，建设牛及其产品质量安全可追溯系统的数据管理子系统，实现数据信息可追溯。

三、热区种草养牛信息管理系统核心模块演示

（一）系统登录

通过管理员账号登录进入管理系统。系统主界面如图 5-6 所示。

图 5-6　系统登录主界面

管理员登录后的主界面如图 5-7 所示。

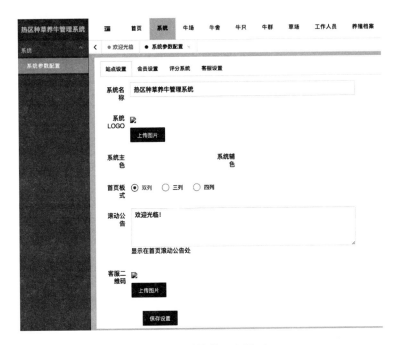

图 5-7　系统管理主界面

（二）牛场管理

牛场管理模块具有牛场数据列表、添加牛场、编辑牛场、删除牛场等功能。在添加牛场信息时，可以添加牛场编号、牛场名称、场主及其相关联系信息等（图 5-8）。

（三）牛舍管理

牛舍管理可以在牛场基础信息下，管理维护相关牛舍的管理信息，其中包括添加、编辑及删除牛舍等功能（图 5-9）。

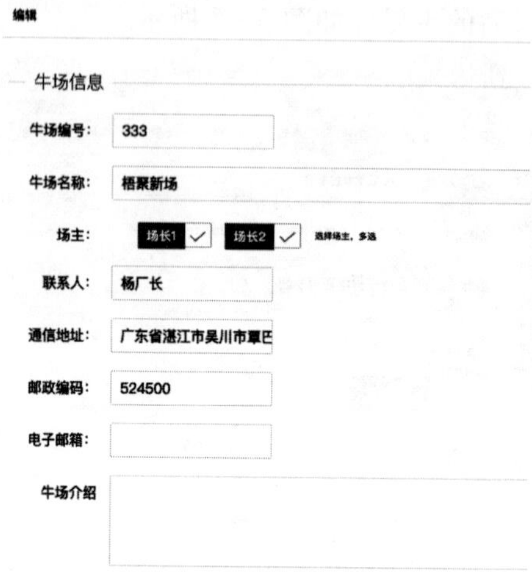

图5-8　牛场信息

图5-9　编辑牛舍信息

（四）牛只管理

牛只管理模块是热区种草养牛信息管理系统的重要组成部分，它可以帮助用户有效地管理和监控牛只的生长、健康和繁殖情况。

在该模块下，可以利用特定筛选条件，获取相关的牛只记录，方便管理员快速定位到相关牛只（图5-10）。

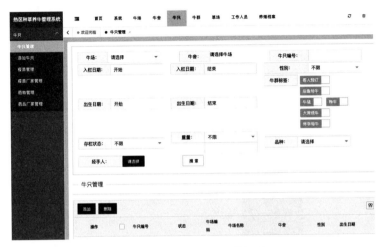

图5-10　牛只管理筛选数据界面

添加新的牛只，记录它们的出生日期、品种、颜色、性别等信息。同时，也可以通过疫苗接种记录、治疗记录等，跟踪每头牛的健康状况。更换牛舍，可以更换牛只所住的牛舍以达到合理安排。若牛的耳标损坏或丢失，可以为牛更换耳标，并且更新牛只在系统内的耳标记录。编辑牛只信息，可以管理牛只的基本信息、日志记录、耳标记录、配种记录、称重记录、诊断记录、免疫记录、后代记录、变动记录等数据（图5-11）。

日志记录模块：记录牛只信息变更情况，方便管理者日后追踪信息变化。

配种记录模块：记录牛只配种信息，可用于追溯牛只的育种后代等信息。

称重记录模块：牛只称重记录是农场管理中重要的一环，用于追踪牛只的体重变化，评估其健康状况，以及监控饲料的转化效率和牛的生长发育情况。

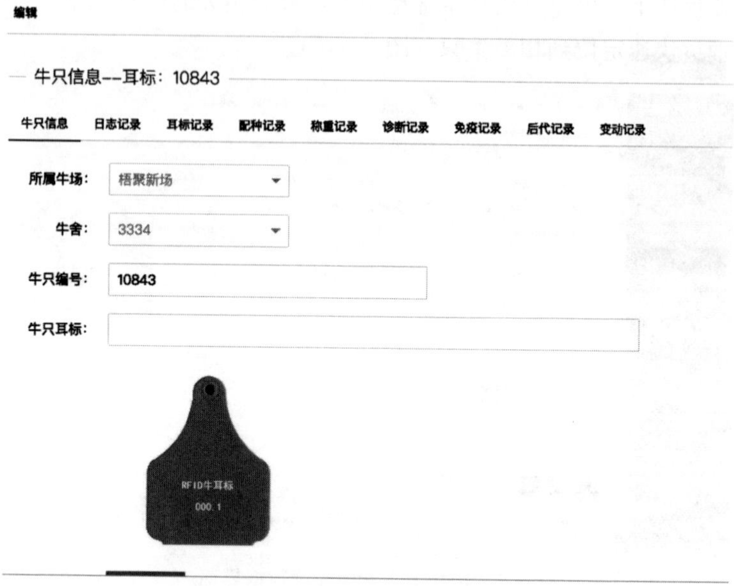
编辑
牛只信息--耳标：10843
牛只信息
日志记录
耳标记录
配种记录
称重记录
诊断记录
免疫记录
后代记录
变动记录
所属牛场：
梧聚新场
牛舍：
3334
牛只编号：
10843
牛只耳标：
RFID牛耳标
000.1

图 5-11　牛只信息维护

诊断记录模块：主要目的是及时发现和处理健康问题，确保牛只的健康和生产性能，同时为预防和治疗提供依据。

免疫记录模块：主要目的是跟踪和管理牛只的疫苗接种和治疗情况，预防疾病的发生和传播，确保农场的生物安全。

变动记录模块：主要目的是跟踪和管理牛只的数量和移动情况，确保农场的运营效率和牛只的健康。通过记录牛只的变动情况，可以更好地管理农场的运营，提高生产效率。

（五）疫苗管理

根据农场的需求和库存情况，制订合理的采购计划，确保疫苗的充足供应。定期检查疫苗的库存情况，及时补充不足的疫苗，并避免过期浪费（图 5-12）。

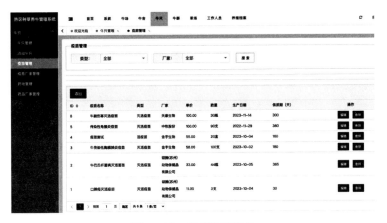

图 5-12 疫苗数据列表

（六）兽药管理

牛只兽药管理在农场运营中占据重要地位，涉及兽药的采购、储存、使用及跟踪等多个环节。可以详细记录兽药的名称、规格、数量、生产商、购买日期等信息（图 5-13）。

图 5-13 兽药信息列表

（七）牛群管理

对牛只进行标记分类，实现有效管理牛群的健康状况、生产性能和遗传品质（图5-14）。

图5-14　牛群数据列表

（八）草场管理

对牧草生长过程中的数据进行记录和分析，是确保牧草产量和品质、实现草场牧草资源可持续利用的关键环节（图5-15）。在该模块下，可以添加、修改和记录草场的相关信息，如草场编码、

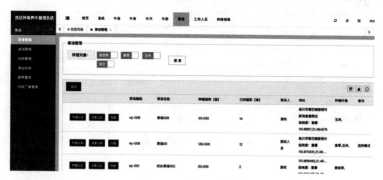

图5-15　草场数据列表

草场名称、联系人、草场地址及种植信息等。

（九）饲料管理

饲料管理是养牛过程中的重要环节，应合理搭配饮料，定期检查和调整饲料配方，注意饲料卫生和安全（图 5－16）。

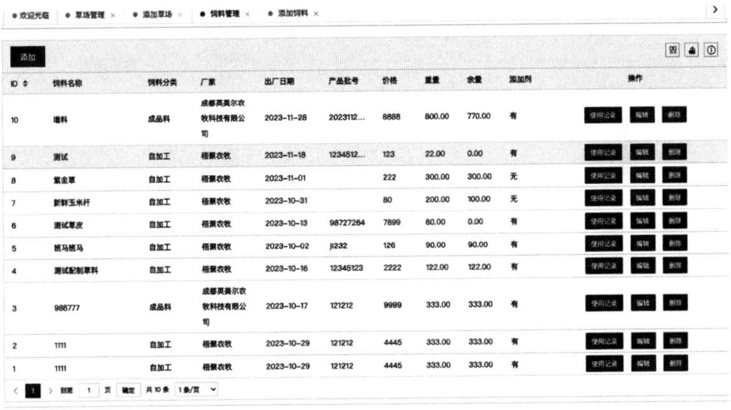

ID	饲料名称	饲料分类	厂家	出厂日期	产品批号	价格	重量	余量	添加剂	操作
10	增料	成品料	成都英美尔农牧科技有限公司	2023-11-28	2023112...	8888	800.00	770.00	有	使用记录 编辑 删除
9	测试	自加工	梧聚农牧	2023-11-18	1234512...	123	22.00	0.00	有	使用记录 编辑 删除
8	紫金草	自加工	梧聚农牧	2023-11-01		222	300.00	300.00	无	使用记录 编辑 删除
7	新鲜玉米杆	自加工	梧聚农牧	2023-10-31		80	200.00	100.00	无	使用记录 编辑 删除
6	测试草皮	自加工	梧聚农牧	2023-10-13	98727264	7899	80.00	0.00	有	使用记录 编辑 删除
5	斑马斑马	自加工	梧聚农牧	2023-10-02	ji232	126	90.00	90.00	有	使用记录 编辑 删除
4	测试配制草料	自加工	梧聚农牧	2023-10-16	12345123	2222	122.00	122.00	有	使用记录 编辑 删除
3	988777	成品料	成都英美尔农牧科技有限公司	2023-10-17	121212	9999	333.00	333.00	有	使用记录 编辑 删除
2	1111	自加工	梧聚农牧	2023-10-29	121212	4445	333.00	333.00	有	使用记录 编辑 删除
1	1111	自加工	梧聚农牧	2023-10-29	121212	4445	333.00	333.00	有	使用记录 编辑 删除

1 到第 1 页 确定 共 10 条 1条/页

图 5－16　饲料数据列表

（十）喂养管理

添加喂养记录，根据牛的生理特性和生长阶段，控制饲料喂养量和饲喂频率（图 5－17）。

（十一）饲料厂家管理

饲料厂家的管理事关饲料的质量安全和牛的营养需求问题，对肉牛养殖企业起着至关重要的作用。饲料厂家管理包括原料采购管理、生产过程管理、成品储存管理。厂家饲料产品相关信息包括溯源码、秸秆饲料名称、产地、原材料、出厂日期、生产商信息等（图 5－18）。

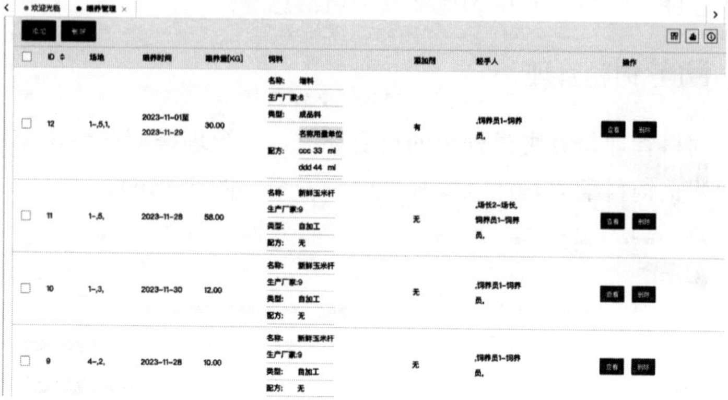

图 5-17 喂养信息列表

图 5-18 饲料厂家信息列表

（十二）工作人员管理

根据牛场的规模和运营需求，设置不同的工作岗位，明确各岗位的职责和任务，确保各岗位的工作人员如场长、饲养员、兽医、种植工、清洁工等，清楚自己的工作内容和责任（图 5-19）。

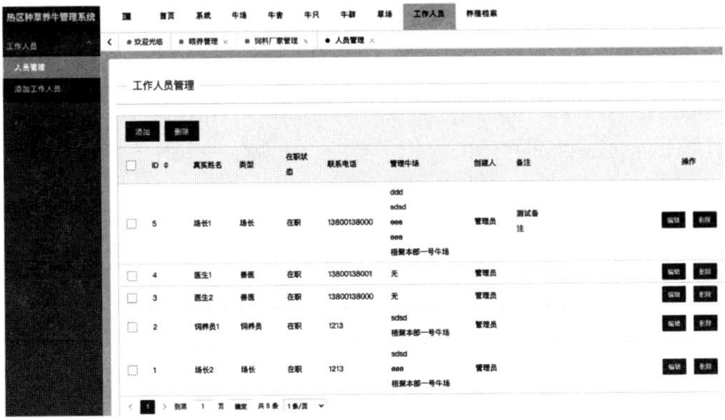

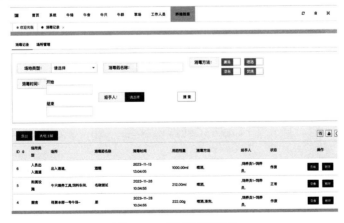

图 5-19 工作人员管理列表

（十三）消毒记录

消毒是确保牛场卫生和健康的关键环节之一。建立消毒记录制度，记录消毒时间、消毒对象、消毒方法、消毒剂浓度及使用人员等信息。每次消毒操作后，应记录相关信息，确保可追溯性。牛场应定期进行消毒，包括牛舍、场地、用具消毒等。消毒频率应根据实际情况而定（图 5-20）。

图 5-20 消毒记录列表

（十四）饲料添加剂使用记录

牛只饲料添加剂使用记录是牛场管理中的一项重要记录。记录所使用的饲料添加剂的种类、品牌、规格、使用方法等信息。同时，记录每次使用的添加剂的量，以确保添加剂的合理使用和牛只的健康（图 5 - 21）。记录每次使用饲料添加剂的时间，包括开始使用的时间和使用持续的时间。同时，记录使用的频率，如每天使用、每周使用等，以便追踪添加剂的效果和牛只的反应。

图 5 - 21　饲料添加剂使用记录列表

（十五）防疫监测记录

建立完善的牛只防疫监测记录制度，有助于确保牛只的健康和防疫安全。定期对牛只进行疫病监测。对于出现异常症状的牛只，应及时进行隔离和治疗，并记录症状、诊断结果和治疗措施等信息（图 5 - 22）。

（十六）病死牛只无害化处理记录

记录病死牛只的基本信息，包括牛只的编号、品种、性别、年龄、体重、死亡时间等（图 5 - 23）。这些信息有助于了解牛只的基本情况和死亡原因，为后续的处理措施提供参考。

详细记录牛只的死亡原因，包括疾病名称、症状、诊断结果等

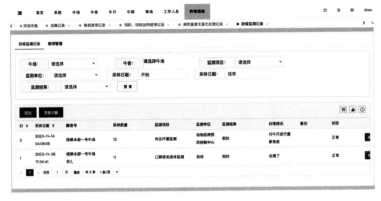

图 5-22 防疫监测数据列表

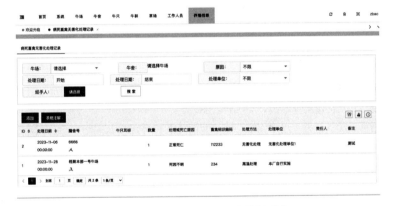

图 5-23 无害化处理记录数据列表

信息。对于因疫病死亡的牛只，应详细记录疫病的种类和名称，以及采取的治疗措施和效果。

针对病死牛只，应采取无害化处理措施。记录无害化处理的过程和结果，包括使用的无害化处理设备、处理时间、处理方法、处理人员等信息。确保处理措施符合相关规定和标准，以防止疫病的传播和环境污染。

（骆浩文）

参 考 文 献

艾晓杰，2004. 奶牛热应激及其防治对策 [J]. 乳业科学与技术，7（107）：81-86.

陈昭辉，马一畅，刘睿，等，2017. 夏季肉牛舍湿帘风机纵向通风系统的环境 CFD 模拟 [J]. 农业工程学报，33（16）：211-218.

陈志宏，李新一，洪军，2018. 我国草种质资源的保护现状、存在问题及建议 [J]. 草业科学，35（1）：186-191.

丁迪云，陈卫东，王刚，等，2020. 华南地区优良牧草种植模式调整 [J]. 广东农业科学（47）：114-121.

董玉德，丁保勇，张国伟，等，2016. 基于农产品供应链的质量安全可追溯系统 [J]. 农业工程学报，32（1）：280-285.

金京波，王台，程佑发，等，2021. 我国牧草育种现状与展望 [J]. 中国科学院院刊，36（6）：660-665.

李新一，洪军，2017. 中国草种质资源保护重点保护名录 [M]. 北京：中国农业出版社：3-60.

李永锋，王文生，郭雷风，等，2022. 基于穿戴传感器的牛日常行为识别研究进展 [J]. 家畜生态学报，43（10）：1-9.

吕凤玉，袁虎成，贺成柱，等，2020. 基于激光 SLAM 的牧场智能饲喂机器人研发 [J]. 自动化与仪表，35（7）：46-49.

任晓惠，刘刚，张淼，等，2019. 基于支持向量机分类模型的奶牛行为识别方法 [J]. 农业机械学报，50（S1）：290-296.

孙奥，2021. 基于大数据的农产品质量安全溯源系统设计 [D]. 成都：成都大学.

王晓春，2018. 区块链技术下农产品上行探索 [J]. 大数据时代，3：24-26..

吴兴文，2021. 基于区块链的农产品质量安全应用研究 [J]. 农业开发与装备，7：77-78.

尹令，洪添胜，刘汉兴，等，2012. 结构相似子序列快速聚类算法及其在奶牛发情检测中的应用 [J]. 农业工程学报，28（15）：107-112.

袁玉昊，田玉辉，李澳，等，2020. 牛场精料撒料及推草机器人设计 [J]. 机电工程技术，49（12）：101-103.

曾志雄，魏鑫钰，吕恩利，等，2020. 集中通风式分娩母猪舍温湿度数值模拟与试验验证 [J]. 农业工程学报，36（3）：210-217.

张新全，马啸，郭志慧，等，2015. 国外禾本科草育种研究进展 [J]. 草业与畜牧，27（1）：1-7.

Alonso J，Castañón A R，Bahamonde A，2013. Support vector regression to predict carcass weight in beef cattle in advance of the slaughter [J]. Comput Electron Agric，91：116-120.

Antanaitis R，Juozaitiene V，Malašauskien D，et al，2021. Relation of Automated Body Condition Scoring System and Inline Biomarkers (Milk Yield，β-Hydroxybutyrate，Lactate Dehydrogenase and Progesterone in Milk) with Cow's Pregnancy Success. Sensors，21：1414.

Braun U，Trosch L，Nydegger F，et al，2013. Evaluation of eating and rumination behaviour in cows using a noseband pressure sensor [J]. BMC Veterinary Research，9：164.

Cominotte A，Fernandes A，Dorea J，et al，2020. Automated computer vision system to predict body weight and average daily gain in beef cattle during growing and finishing phases [J]. Livestock Sci，232：103904.

Gomes R，Monteiro G，Assis G，et al，2016. Estimating body weight and body composition of beef cattle trough digital image analysis [J]. J Animal Sci，94：5414-5422.

Hendriks S J，Phyn C V，Huzzey J M，et al，2020. Graduate Student Literature Review：Evaluating the appropriate use of wearable accelerometers in research to monitor lying behaviors of dairy cows [J]. J. Dairy Sci. 103：12140-12157.

Huang L，Guo H，Rao Q，et al，2019. Body dimension measurements of qinchuan cattle with transfer learning from lidar sensing [J]. Sensors, 19: 5046.

Martins B, Mendes A, Silva L, et al, 2020. Estimating body weight, body condition score, and type traits in dairy and manual body measurements [J]. Livestock Sci, 104054.

Neethirajan S, Tuteja S K, Huang S-T, et al, 2017. Recent advancement in biosensors technology for animal and livestock health management [J]. Biosens. Bioelectron. 98: 398-407.

Raynor E J, Derner J D, Soder K J, et al, 2021. Noseband sensor validation and behavioural indicators for assessing beef cattle grazing on extensive pastures [J]. Appl Anim Behav Sci, 242: 105402.

Sousa R V, Tabile R A, Inamasu R Y, et al, 2018. Evaluating a lidar sensor and artificial neural network based-model to estimate cattle live weight. In: 10th International Livestock Environment Symposium (ILES X), Omaha: American Society of Agricultural and Biological Engineers: 1.

Stajnko D, Brus M, Hoevar M, 2008. Estimation of bull live weight through thermographically measured body dimensions [J]. Comput Electron Agric, 61, 233-240.

Yamashita A, Ohkawa T, Oyama K, et al, 2018. Calf Weight Estimation with Stereo Camera Using Three-Dimensional Successive Cylindrical Model [J]. Journal of the Institute of Industrial Applications Engineers, 6.

Yongliang Qiao, He Kong, Cameron Clark, et al, 2021. Intelligent perception for cattle monitoring: A review for cattle identification, body condition score evaluation, and weight estimation [J]. Computers and Electronics in Agriculture, 185: 106143.

Zehner N, Umstätter C, Niederhauser J J, et al, 2017. System specification and validation of a noseband pressure sensor for measurement of ruminating and eating behavior in stable-fed cows [J]. Comput Electron Agric, 136: 31-41.

图书在版编目（CIP）数据

热区种草养牛技术与装备 / 骆浩文主编 . -- 北京：中国农业出版社，2024. 12. -- ISBN 978-7-109-32922-5

Ⅰ. S54；S823

中国国家版本馆 CIP 数据核字第 2025K6U890 号

中国农业出版社出版

地址：北京市朝阳区麦子店街 18 号楼

邮编：100125

责任编辑：刘 伟

版式设计：杨 婧 责任校对：吴丽婷

印刷：中农印务有限公司

版次：2024 年 12 月第 1 版

印次：2024 年 12 月北京第 1 次印刷

发行：新华书店北京发行所

开本：880mm×1230mm 1/32

印张：4.25 插页：4

字数：110 千字

定价：40.00 元

彩图1　金禾1号牧草示范基地1

彩图2　金禾1号牧草示范基地2

彩图 3　金禾 1 号牧草示范基地 3

彩图 4　科技特派员团队下乡指导

彩图 5　科技特派员项目示范基地

彩图6 热区种草养牛技术培训班

彩图 7　梧聚黄牛养殖基地现场指导

彩图 8　收割牧草

彩图 9　牛场饲喂机

彩图 10　牧草收割机

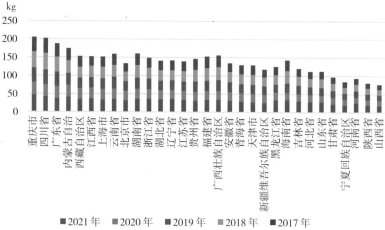

彩图 11　31 省（直辖市、自治区）居民家庭人均肉类消费量

数据来源：国家统计局